站在巨人的肩上

Standing on Shoulders of Giants

TURING

图灵教育

iTuring.cn

站在巨人的肩上
Standing on Shoulders of Giants
TURING
图灵教育
iTuring.cn

TURING 图灵程序设计丛书

Arduino 从想象到现实

实战篇

[韩] 李俊炼 著 金 萍 译

人民邮电出版社
北 京

图书在版编目(CIP)数据

Arduino:从想象到现实.实战篇/(韩)李俊烋著;
金萍译.-- 北京:人民邮电出版社,2019.3
(图灵程序设计丛书)
ISBN 978-7-115-50402-9

Ⅰ.①A… Ⅱ.①李… ②金… Ⅲ.①单片微型计算机
—程序设计 Ⅳ.①TP368.1

中国版本图书馆CIP数据核字(2018)第280189号

内 容 提 要

本书为正式开始 Arduino 项目提供必要的实操方法，通过书中讲解，读者可以完成蓝牙与 Arduino 和 Android 连接的移动项目或物联网项目等。本书配有大量电路图和多个项目示例，以及作者亲自制作的免费视频，帮助读者进阶 Arduino 实际应用。

本书适合已经对 Arduino 有一定了解、具备 Arduino 基础知识的读者，想要亲自制作 Arduino 相关硬件及衍生产品的读者，非专业机器人爱好者。

◆ 著　[韩] 李俊烋
译　金　萍
责任编辑　陈　曦
责任印制　周昇亮
◆ 人民邮电出版社出版发行　北京市丰台区成寿寺路11号
邮编　100164　电子邮件　315@ptpress.com.cn
网址　http://www.ptpress.com.cn
北京市雅迪彩色印刷有限公司印刷
◆ 开本:787×1092 1/16
印张:13
字数:317千字　2019年3月第1版
印数:1-3 000册　2019年3月北京第1次印刷
著作权合同登记号　图字:01-2017-9357号

定价:79.00元

读者服务热线:(010)51095186转600　印装质量热线:(010)81055316

反盗版热线:(010)81055315

广告经营许可证:京东工商广登字20170147号

前 言

在准备《Arduino：从想象到现实（入门篇）》（以下简称“入门篇”，www.ituring.com.cn/book/2071）的过程中，最令人高兴的是，我学到了很多关于 Arduino 的知识，并且得知很多人开始对 Arduino 产生兴趣。在出书之前，我见过的了解 Arduino 的人通常都是工科生或硬件开发者。但是“入门篇”出版之后，有很多小学生和普通市民都纷纷联系我，说 Arduino 很有趣。我自然非常欢迎，而且会将他们请到办公室来，一起谈论 Arduino 相关话题，进而谈及诸如 3D 打印机、“树莓派”等，与他们度过一段愉快的时光。我出版“入门篇”的契机是想打破人们对 Arduino 的偏见，从某个角度看，我认为自己在一定程度上算是达到了这个目标，所以很开心。

到现在，Arduino 仍然是我乐于把玩的东西之一。在公司的产品研发方面，我利用 Arduino 开发了原型和各种项目。当然，其中有很多项目是源于我的个人爱好。就连 6 岁的儿子都开始叫我“Arduino 博士李俊炼”。每当这时，我就会对他说：“爸爸只是喜欢在谷歌上搜索有关 Arduino 的知识而已。”

由于我出了书，人们总是认为我对 Arduino 了解得特别深，但我个人认为还不够透彻。我只是擅长寻找那些我想实现的、有关 Arduino 项目的信息而已。实际上，网上有很多 Arduino 项目的制作方法，既详细又容易找到。我曾经自认为有一些新奇的想法是我独创的，但是在网上搜索后才发现，其实很早之前就已经有人利用 Arduino 成功实现了。其中的绝大多数甚至延伸了我的创意，发掘了问题所在，将项目制作得更加完美。可以说，在做 Arduino 项目时，最重要的在于你想要做这个项目的意志力。很多人以自己不懂编程和硬件为借口，不去接触 Arduino。希望大家先不要惧怕它，而是迈出挑战的脚步，因为好的开始就是成功的一半。

在本书（以下简称“实战篇”，www.ituring.com.cn/book/1930）中，我整理了“入门篇”没有涉及的内容。全书内容大体可分为四个方面。

第一个方面介绍正式开展 Arduino 项目时所需的基本知识。

第二个方面学习连接 Arduino 和 PC，并制作项目。

第三个方面介绍利用蓝牙制作与 Arduino 和 Android 相连接的移动项目。

第四个方面学习利用 Arduino 制作物联网项目。

理解“实战篇”要以“入门篇”为前提，所以开始学习本书之前，请务必读完“入门篇”。

在此，要感谢让“实战篇”也得以问世的 Youngjin.com 出版社，以及从各方面都给予我很大帮助的 magic eco 的同事们。最后，我想感谢我的家人，他们在我撰写“实战篇”期间一直在身边鼓励我。尤其想要对贤成和妻子说声“谢谢”，即便我一直忙于工作和写作，没有经常陪着贤成玩，他也常常抱着我喊“爸爸最棒”；妻子则一直在我身边照顾我，不辞辛苦。谢谢你们，我爱你们。

本书结构

第 1 章　**淘气的傻瓜箱子**

制作傻瓜箱子，打开开关后，机器人的胳膊会伸出来关掉开关。

第 2 章　**使用外接电源**

这一章学习如何使用外接电源。借助外接电源，我们可以在 Arduino 上连接很多执行器和传感器，并且使用耗电量大的配件。

第 3 章　**使用继电器**

继电器主要用于转换高电压电流的电路。这一章学习通过继电器控制门锁。

第 4 章　**Arduino LEONARDO**

将 Arduino LEONARDO 连接到计算机后，可以用作键盘和鼠标。这一章学习利用 Arduino LEONARDO 操控《超级玛丽》。

第 5 章　**破解串口通信**

这一章学习如何更加灵活地运用串口通信。在 switch 语句的帮助下，用压电扬声器播放从计算机接收的文字所形成的音；并在串口监视器中输入 RGB 值，改变三色 LED 的颜色。

第 6 章　**Arduino 之母：Processing**

Processing 可以称为“Arduino 之母”。这一章学习 Processing 基本概念，并安装 Processing IDE，然后利用 Processing 在屏幕上画画。

第 7 章　**制作超声波雷达**

这一章利用超声波传感器和伺服电机制作超声波雷达。首先将超声波传感器和伺服电机连接至 Arduino，使其可以左右转动以读取距离值。随后再与 Processing 相连接，绘制雷达图。

第 8 章　**制作激光玩具**

这一章利用伺服电机和激光模组制作激光玩具。首先将伺服电机和激光模组连接至 Arduino，使其可以上下左右任意活动。随后再与 Processing 相连接，利用鼠标操控激光玩具。

第 9 章　蓝牙：与 Android 对话

蓝牙模块使无线通信成为可能。这一章学习如何将蓝牙连接到 Arduino，然后连接 Android 设备进行通信。

第 10 章　简易 App 制造机：App Inventor

利用 App Inventor 可以简单制作 Android App。这一章首先了解可以用 App Inventor 制作的 App，随后讲解使用 App Inventor 的准备过程，最后利用 App Inventor 制作可以实现蓝牙通信的 App。

第 11 章　Arduino 遥控模型车，出发！

这一章利用 Arduino 制作可以用 Android App 控制的遥控模型车。首先组装遥控模型车并连接 Arduino 电路，然后为制作遥控模型车所需的 Arduino 编写 sketch 文档，最后利用 App Inventor 制作操控遥控模型车的 Android App。

第 12 章　连接互联网

这一章在 Arduino 上连接互联网。首先使用可以用网线连接互联网的以太网扩展板，随后使用 Arduino Wi-Fi 扩展板，最后使用 Sparkfun ESP8 Wi-Fi 扩展板。

第 13 章　Blynk：简单有趣的物联网

借助 Blynk，可以利用 Arduino 轻松制作物联网项目。这一章首先学习 Blynk 相关知识，了解其特征，随后学习使用 Blynk 之前的准备事项，最后利用 Arduino 和 Blynk 制作简易物联网项目。

第 14 章　Arduino YUN 和 Temboo

Temboo 和 Arduino YUN、Blynk 一样，可以帮助我们利用 Arduino 轻松制作物联网项目。这一章首先学习 Temboo 相关知识，然后利用 Arduino YUN 和 Temboo 制作一个项目：只要按下按钮即可从互联网获取当前天气信息。

目　录

第 1 章

淘气的傻瓜箱子

1.1 傻瓜箱子简介

傻瓜箱子是一个有趣的玩具，如果有人打开开关，就会有机器人伸出一只胳膊将其关掉。

利用伺服电机和开关，大家都能轻松制作。书中的傻瓜箱子还会用到纸箱和3D打印机打印的机器人胳膊。如果想完全照着书制作，可以到Devicemart上购买傻瓜箱子制作套装。

在你无聊时，傻瓜箱子可以成为陪伴你的好朋友。

在制作过程中与Arduino亲近起来吧！

如果不想借助套装，而是亲自动手制作，也不用担心，可以利用家中的普通纸箱和硬纸板制作机器人的胳膊。

提示 很多外国朋友做的傻瓜箱子有多个开关。当人把这些开关都打开，就会有机器人的胳膊伸出来，并来回活动关掉开关。进入YouTube可搜索观看机器人胳膊来回移动的视频。

1.2 制作傻瓜箱子

准备物品

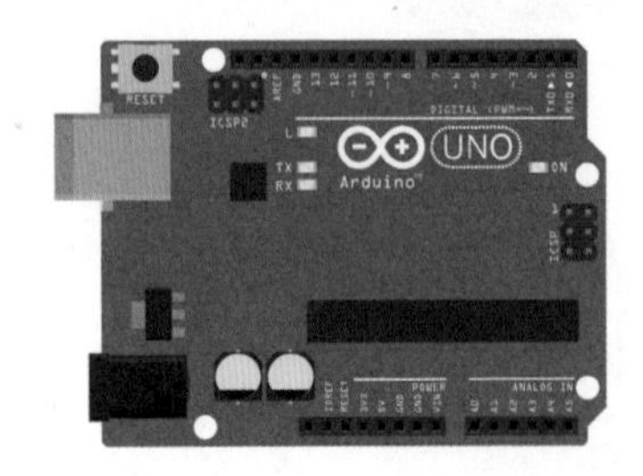

Arduino UNO 1个

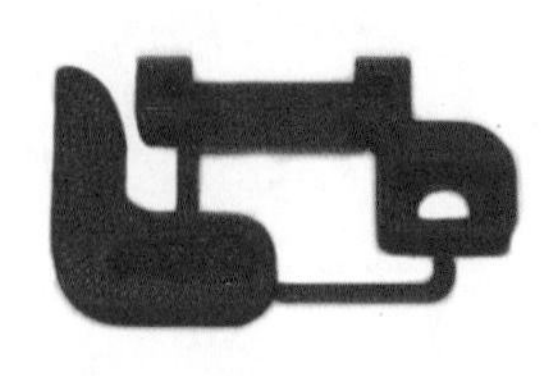

机器人胳膊和躯干部分1个（用3D打印机打印）

纸箱1个

单刀双掷开关 1 个

螺母 1 个

用于固定的垫圈 1 个

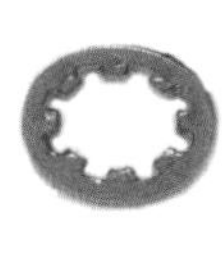

内齿垫圈 1 个

9 g 伺服电机 1 个

9 V 电池座 1 个

9 V 电池 1 个

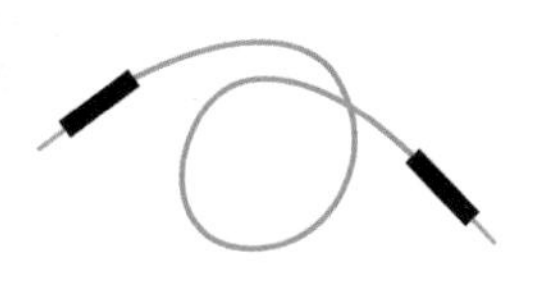

公对公跳线 5 根

现在开始制作傻瓜箱子。我们需要用到很多材料，上述材料可以在 Devicemart 上一次性买齐。如果不想使用傻瓜箱子制作套装，而想要亲自动手制作，请准备一个可以容纳 Arduino 板的纸箱，宽 8 cm，长 14 cm，高 7 cm。

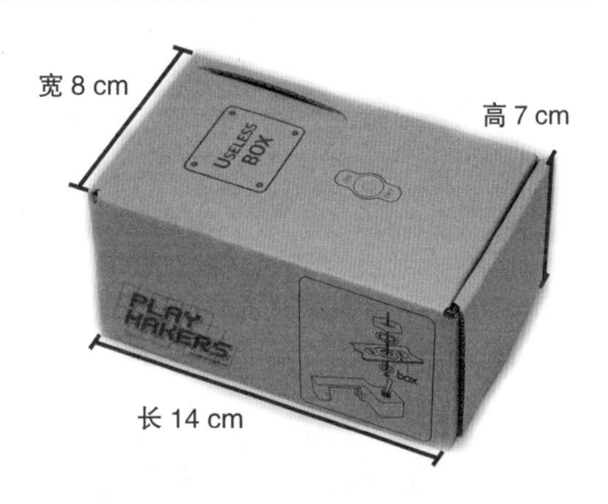

接下来需要准备机器人的胳膊。如果家中有 3D 打印机，或者附近有创客空间，可以立即完成制作。Thingiverse 上有机器人胳膊的 3D 模型文件，请在此下载 STL 文件并用 3D 打印机制作。

准备好所有物品后，如电路图 1–1 所示连接。

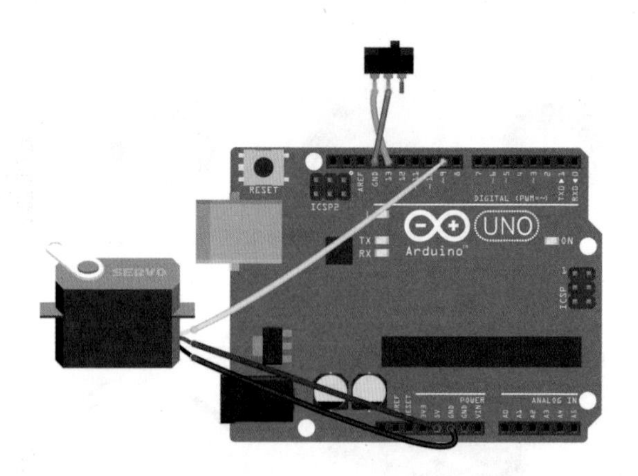

电路图1-1 **淘气的傻瓜箱子**

01 将 3D 打印机制作的机器人胳膊和躯干部分分开。将公对公跳线焊接在单刀双掷开关包含中间那根线的两根线上。（傻瓜箱子制作套装中已将单刀双掷开关和跳线焊接。）

提示 开关大体可分为单刀单掷、单刀双掷、双刀单掷、双刀双掷等 4 种类型。此处的“单刀”“双刀”表示电路个数。按下开关后有 1 个电路就是单刀，有两个电路就是双刀。“单掷”和“双掷”表示按下开关后接续的电路数。一次只接续一个电路就是单掷，同时接续两个电路则是双掷。

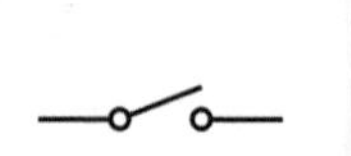

单刀单掷（SPST）

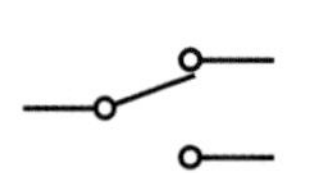

单刀双掷（SPDT）

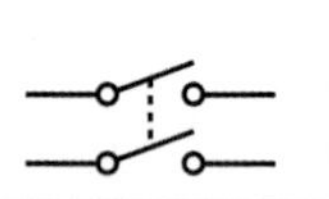

双刀单掷（DPST）

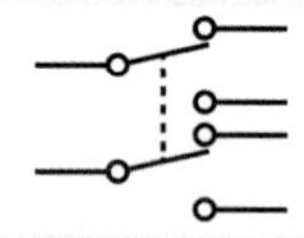

双刀双掷（DPDT）

此处介绍只是为了说明傻瓜箱子中使用的单刀双掷开关，大家不必死记硬背这几种开关的区别。将单刀双掷开关正面向上平放，当开关向右时，线 A、B 便会相连；当开关向左时，线 B、C 便会相连。然而，使用的双刀单掷开关种类不同，两线相连的方向有可能不同，使用前一定要加以确认。

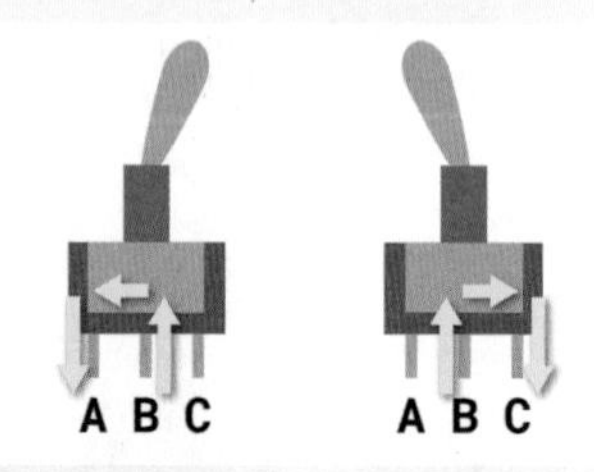

02 将伺服电机放置在如图所示的方向上，并将其安装到机器人的躯干部分。

03　在躯干部分可以看到拧螺丝的洞口。将与舵臂相连的螺丝拧入。

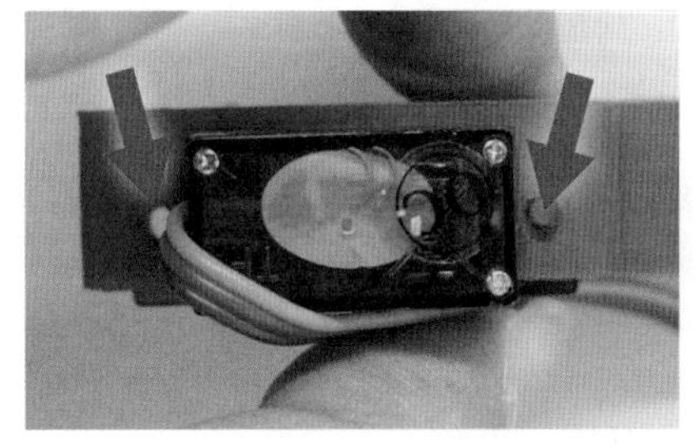
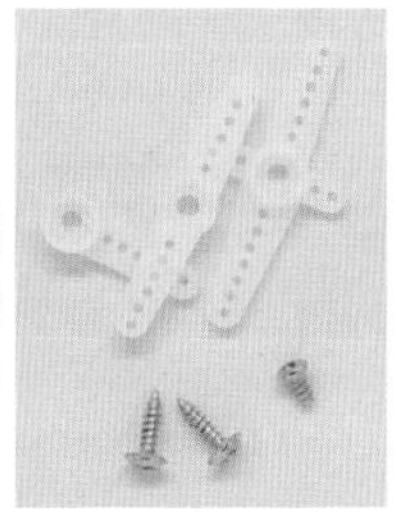

04　将开关放置在如图所示的方向上，并将其安装到躯干部分。

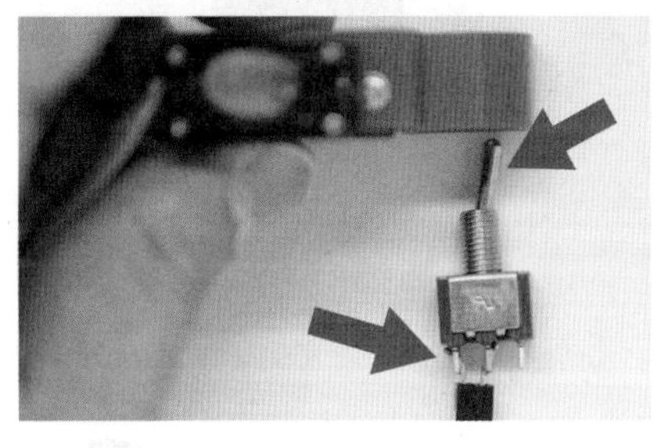
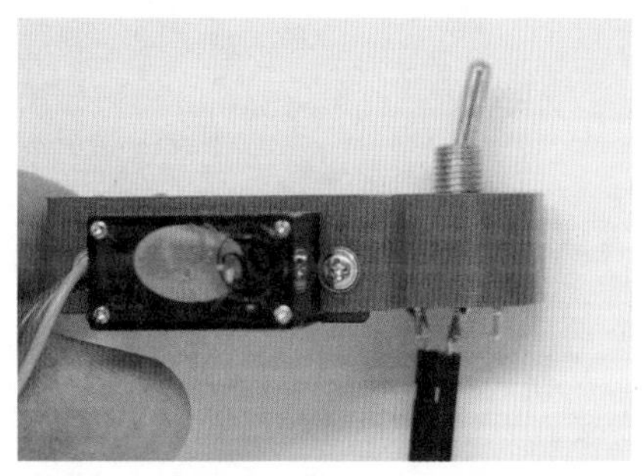

05　为了之后在箱子上固定开关，现在为开关套上用于固定的垫圈，使躯干凸起的部分向着正上方。

06　在箱子上写有 ON/OFF 部分的中间打一个洞。

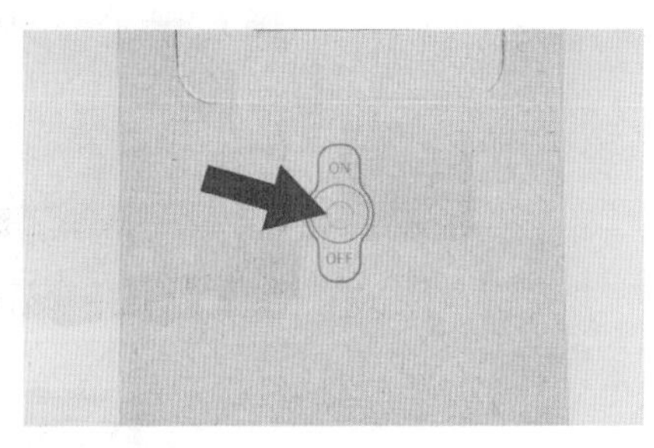

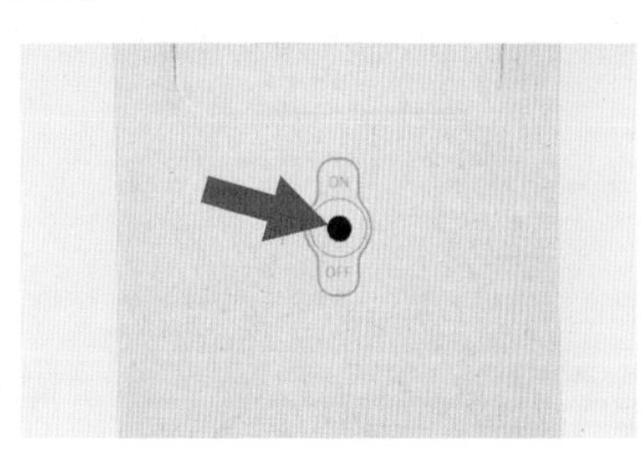

07　将开关从内向外伸出洞口。

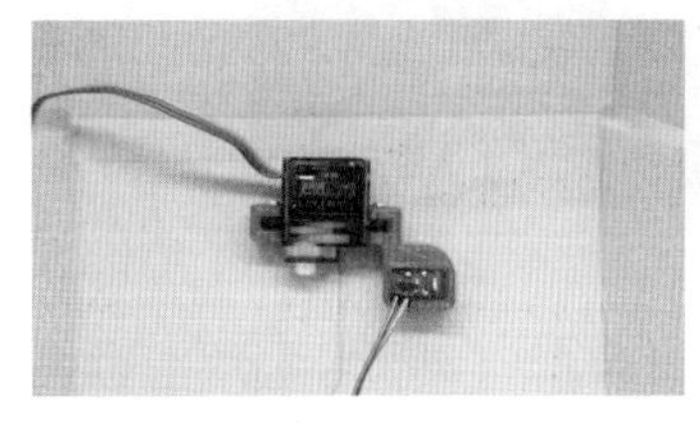
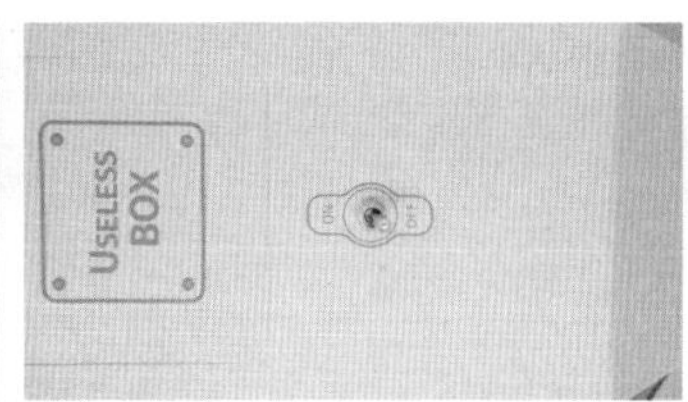

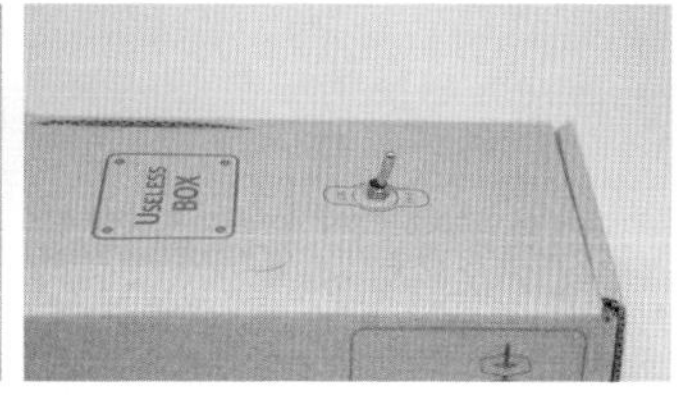

08 与用于固定的垫圈同理，为了固定开关，将内齿垫圈套在开关上。在此过程中，注意保持内齿垫圈粗糙的一面向下。

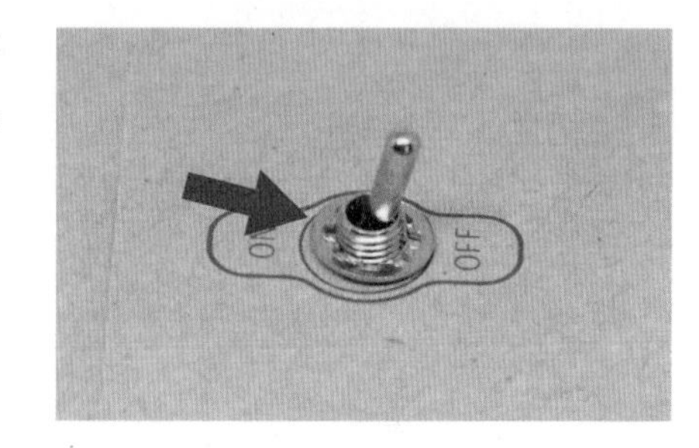

09 拧螺丝进行固定。尽可能拧到开关不松动的程度。

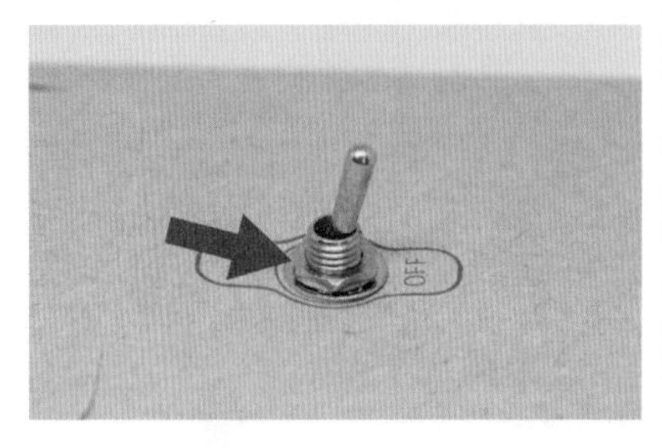

10 将连接在开关上的跳线一根连接在 Arduino 的接地引脚上，另一根连接到 13 号引脚。不必在意先后顺序。

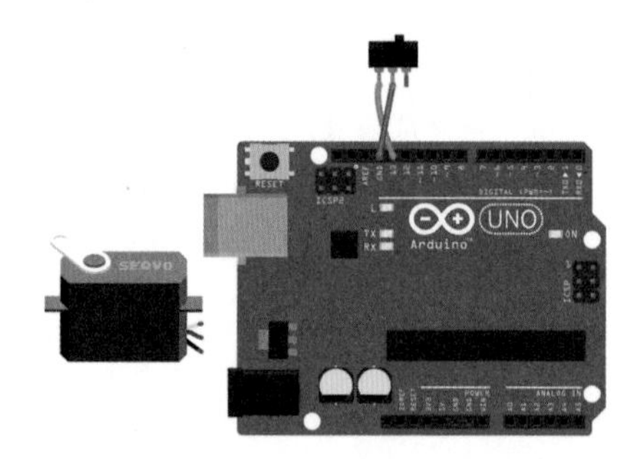

11 将伺服电机的黑色或褐色线连接到接地引脚，将红色线连接到电源引脚，将黄色或橘黄色线连接到 Arduino 板的 9 号引脚。

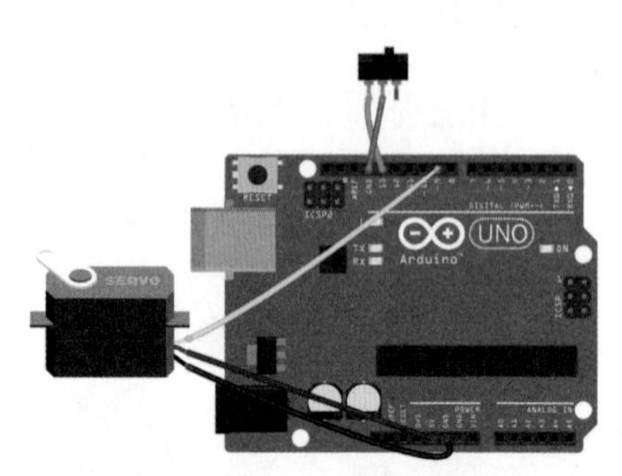

12 连接完成后如图所示。

连接机器人胳膊部分前，最好先如代码 1-1 所示编写 sketch 文档。

代码1-1 淘气的傻瓜箱子

```
1  #include <Servo.h>
2
3  Servo myServo;
4
5  void setup() {
6    myServo.attach(9);
7    myServo.write(15);
8    pinMode(13, INPUT_PULLUP);
9  }
10
11 void loop() {
12   if (digitalRead(13) == HIGH) {
13     myServo.write(170);
14     while (digitalRead(13) == HIGH) {}
15     myServo.write(15);
16   }
17 }
```

第 3 行声明 Servo 库变量，第 6 行通过 attach 命令，为 setup 函数设置与伺服电机相连的数字引脚编号。第 7 行使伺服电机旋转 15°，这样即为其初始角度。

下面看第 8 行。这是常见的 pinMode 函数，但与标准的 pinMode 函数不同，它在每个变量上都使用了 INPUT_PULLUP。INPUT_PULLUP 虽然和 INPUT 一样都表示“输入”，但与 INPUT 不同，它会设置输入引脚的电压为 HIGH，而不是处于浮空状态。如果想查看电压的变换，就要将输入引脚与接地引脚相连。考虑到这一点，下面看看 loop 函数。第 12 行利用 digitalRead 函数查看 13 号引脚的电压是否为 HIGH，如果是，则意味着 13 号引脚没有连接接地引脚，否则其电压会变为 LOW。

组装傻瓜箱子时，将开关置于 OFF 方向后，再与 Arduino 进行连接。使用的开关在 OFF 方向时，13 号引脚会和接地引脚相连，所以 13 号引脚的电压为 LOW。相反，开关在 ON 方向时，13 号引脚不会与接地引脚相连，所以其电压会变为 HIGH。最终，第 12 行只是想确认开关是否在 ON 的方向上。如果是，就会运转伺服电机。第 13 行将伺服电机运转的角度变为 170°，这时，连接在伺服电机上的机器人胳膊便会移动。

第 14 行出现了 while 语句。while 语句和 for 语句一样，都是循环语句。但 for 语句只循环几次，而 while 语句则在符合特定条件的情况下一直循环。也就是说，当 while 旁边小括号内的条件完全符合要求时，大括号内的代码就会一直执行。此处大括号为空是因为，没有必要执行相应代码。13 号引脚的电压为 HIGH 时，第 14 行的 while 语句将一直循环执行。当机器人的胳膊关闭开关时，13 号引脚的电压会变为 LOW，继而导致

while 语句的条件不符合要求，从而跳出循环。之后为了回归原位，伺服电机的角度会变回 15° 。请上传编好的 sketch 文档。

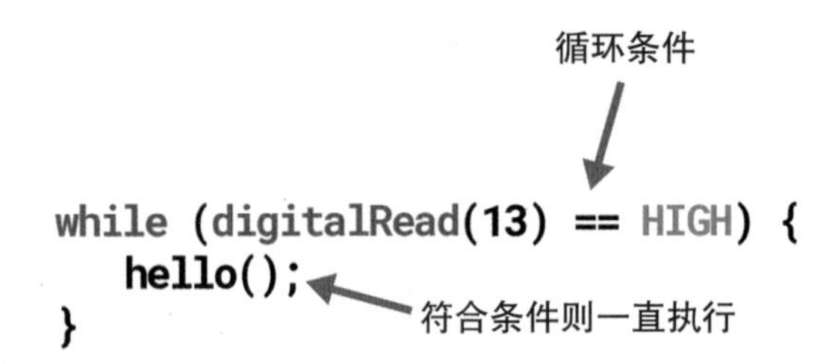

13 上传 sketch 文档后，将 9 V 电池插在 9 V 电池座上，随后连接 Arduino。

14 将舵臂分半，如图所示，安插到机器人胳膊上。

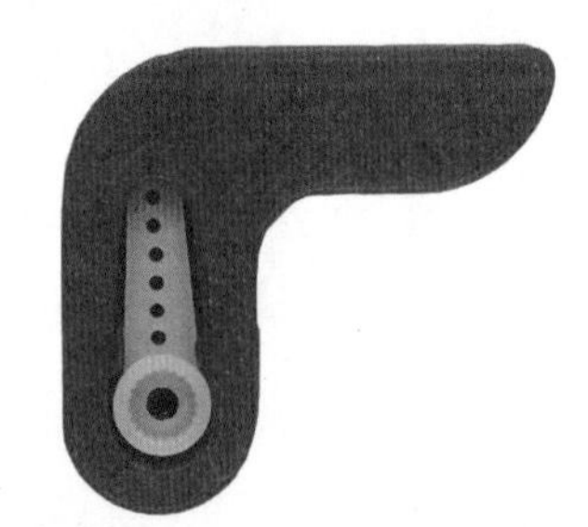

15 注意！连接机器人胳膊和伺服电机时，务必将开关向着 OFF 的方向。

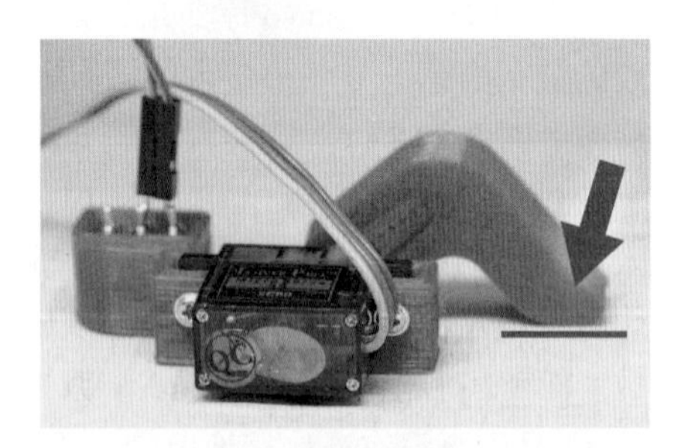

16 成品如图所示！

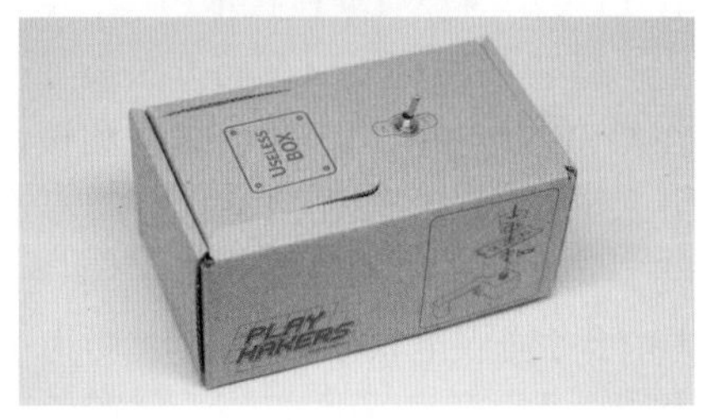

完成上述操作后，接下来可以看到机器人伸出胳膊关掉开关。如果该操作无法实现，适当修改角度即可。大家可以向亲朋好友展示自己制作的傻瓜箱子。

可爱又有趣的 Arduino 项目

纵览 Arduino 项目时你会发现，除了傻瓜箱子以外，还有很多项目都非常有趣。这些项目的制作方法往往都紧跟其后，只要愿意，大家可以跟着教程制作。下面介绍其中几种。

1. 人靠近就会“咯咯哒”叫的鸡

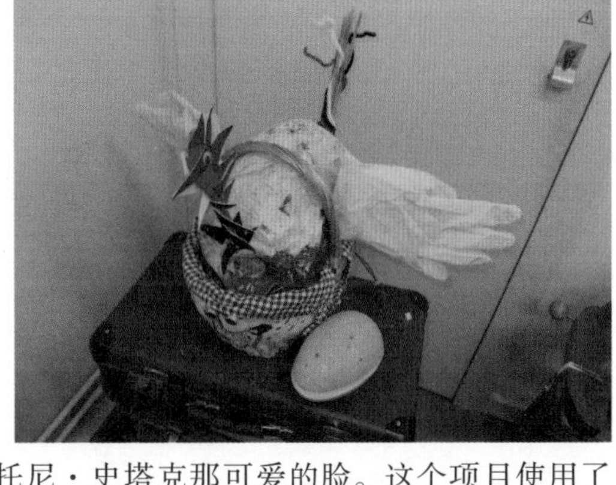

这是一只用 Arduino 制作的鸡，如果有人靠近，它就会扑腾着翅膀发出“咯咯哒”的叫声。这个项目使用了 Arduino UNO、伺服电机（让翅膀挥动）、超声波传感器（感知人是否走近）和 adafruit wave Shield（发出“咯咯哒”的声音）。

2. 人靠近就会摘下面具的钢铁侠

这个项目和前面的“鸡”很相似，只要有人靠近，钢铁侠就会摘下面具，露出托尼・史塔克那可爱的脸。这个项目使用了 Arduino UNO、超声波传感器、伺服电机和线。大家还可以跟着教程制作其他类型的钢铁侠。

3. 扇巴掌的闹钟

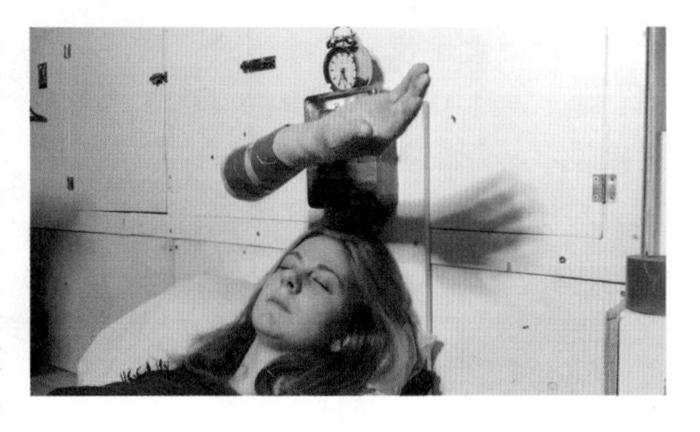

很多人都认为，早上最痛苦的事情莫过于起床。总是想着“再睡五分钟吧”“再睡一会儿吧”，然后就会迟到。这个项目使用了 Arduino UNO 和直流电机，目的就是帮大家解决这个烦恼。闹钟的响铃时间一到，它就会“亲切地”开始扇你巴掌，直到你起床为止。虽然说在叫醒服务方面做得不错，但是大家要注意，这个东西也会带给你痛苦。

第2章

使用外接电源

2.1 需要外接电源的原因

如果小朋友需要搬起一件沉得无法搬动的东西，会有什么后果呢？想必那个东西会纹丝不动地立在原地，或者小朋友会不小心受伤。我们应该告诉孩子，这种情况下需要求助大人。

对于 Arduino，也是同样的道理。如果在 Arduino 无法承受的范围内安装了执行器或传感器，就会导致 Arduino 断电甚至发生故障。为了避免这种情况，需要外接电源的帮助。就像大人帮小朋友搬起孩子无法自己搬动的东西一样，外接电源代替 Arduino，向 Arduino 无法承受的执行器和传感器供电。像这样，使用外部电源还可以在 Arduino 上连接更多执行器和传感器，并对其进行操作。

2.2 使用外接电源

准备物品

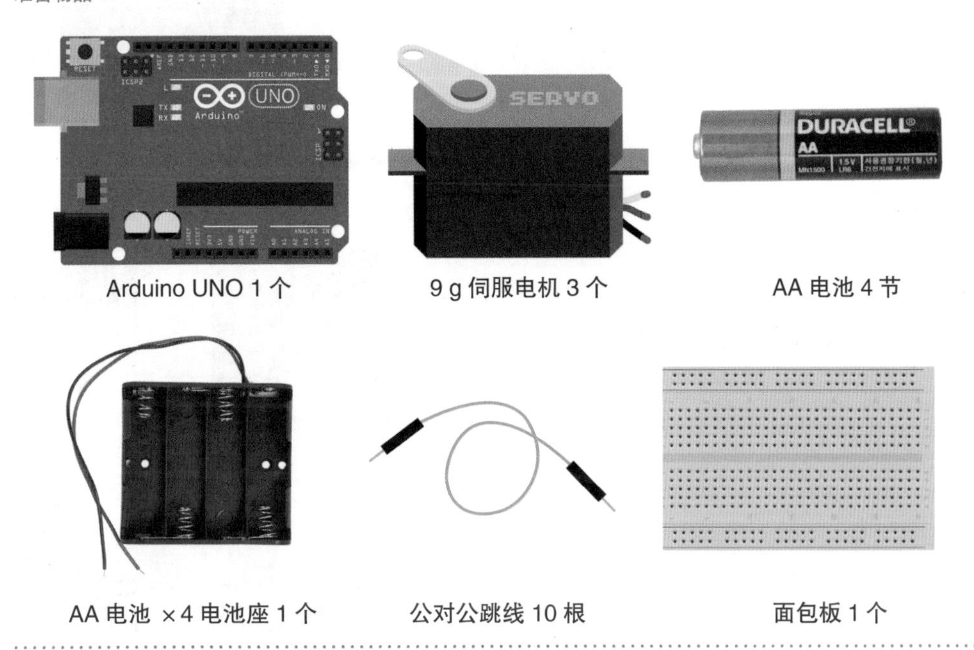

现在，利用外接电源操作 3 台伺服电机。在这之前，如果将伺服电机直接连接到 Arduino，它会因为电源不足而无法启动或中途断电。因此，如果想要一次使用多台伺服电机，就要借助外接电源。下面使用 4 节电压为 1.5 V 的 AA 电池作为外接电源，并将这 4 节电池串联，使外接电源的电压成为 6 V。

如电路图 2–1 所示，连接 Arduino。

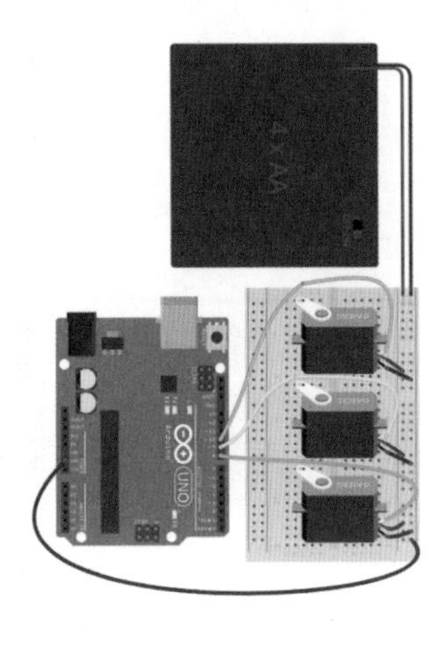

电路图2–1　使用外接电源

01 将 AA 电池座正极（+）连接到面包板红色长竖列，将负极（–）连接到蓝色长竖列。

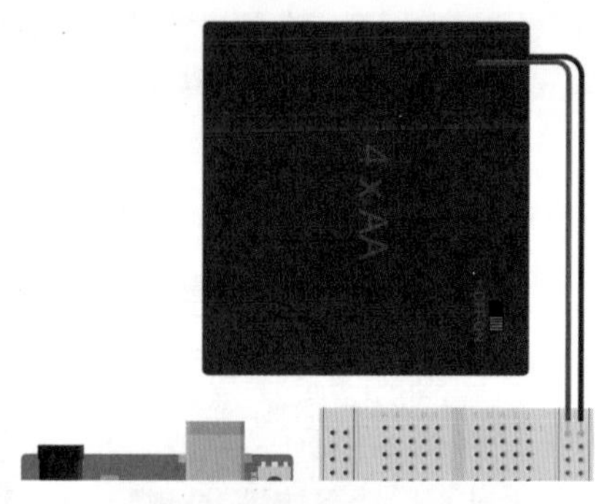

02 将伺服电机的黑色或者褐色线连接至右侧蓝色竖列，将红色线连接至右侧红色竖列，将黄色或橘黄色线连接到 Arduino 的 10 号引脚。

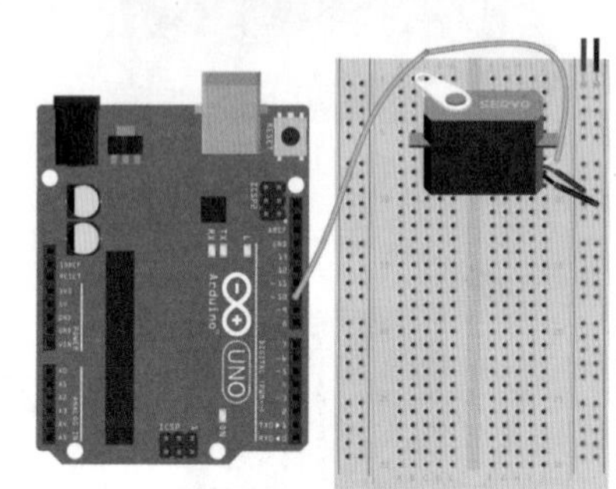

03 将伺服电机的黑色或者褐色线连接至右侧蓝色竖列，将红色线连接至右侧红色竖列，将黄色或橘黄色线连接到 Arduino 的 9 号引脚。

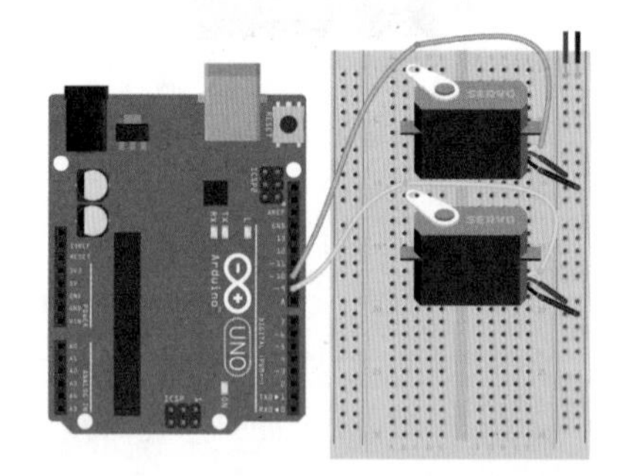

04 将伺服电机的黑色或者褐色线连接至右侧蓝色竖列，将红色线连接至右侧红色竖列，将黄色或橘黄色线连接到 Arduino 的 8 号引脚。

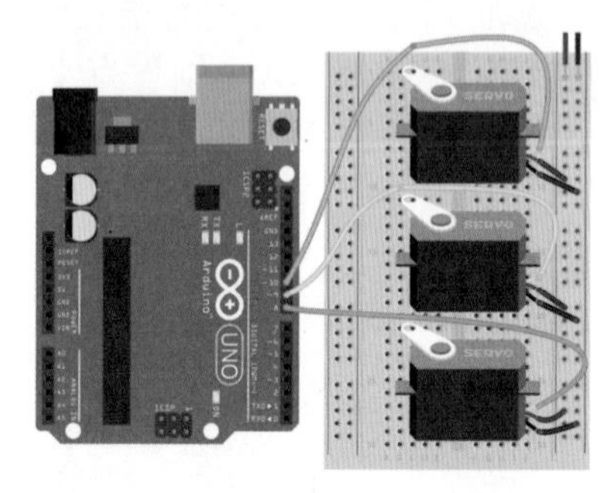

05 将 Arduino 的接地引脚连接至连有 AA 电池座负极（–）的蓝色长竖列。

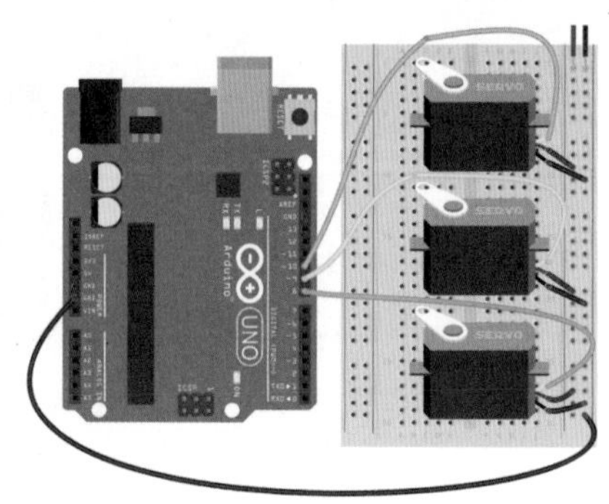

06 成品如图所示！

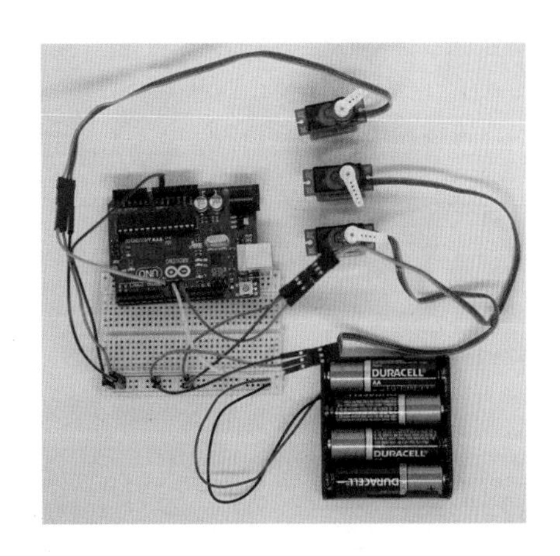

如代码 2-1 所示，编写 sketch 文档。

代码2-1 使用外接电源

```
1  #include <Servo.h>
2
3  Servo servo[3];
4
5  void setup()
6  {
7    servo[0].attach(8);
8    servo[1].attach(9);
9    servo[2].attach(10);
10 }
11
12 void loop()
13 {
14   for (int i = 0; i < 120; ++i)
15   {
16     servo[0].write(i);
17
18     if (i % 5 == 0)
19       servo[1].write(i);
20
21     if (i % 10 == 0)
22       servo[2].write(i);
23
24     delay(100);
25   }
```

```
26      servo[0].write(0);
27      servo[1].write(0);
28      servo[2].write(0);
29      delay(1000);
30  }
```

第 3 行用数组声明了 Servo 库。也就是说，声明了包含 3 个 Servo 库变量的数组变量。随后，在 setup 函数中，利用此数组和 attach 命令设置连接到伺服电机的数字引脚号码。

接下来是 loop 函数，可以看到 for 语句的 counter 变量在 0~119 变化。利用该 for 语句可以改变伺服电机的旋转角度。首先在第 16 行改变了连接到 8 号引脚的伺服电机的角度，随后第 18 行出现了 if 语句。小括号内的算式上有百分比（%）符号，大家可能会比较陌生。此处使用的 % 符号并不表示我们熟知的百分比，而是和 +、-、*、/ 等符号一样用于数学运算，表示余数。

代码 2-2 表示 i 除以 5 之后的余数。所以在第 18 行，小括号内的算式是想查看 i 除以 5 之后的余数是否为 0。只有当 i 为 5 的倍数时，括号内的数值才为真，继而执行第 19 行，改变连接在 9 号引脚上的伺服电机角度。第 21~22 行也是同理，但有一点不同，此处只有当 i 为 10 的倍数时，连接在 10 号引脚上的伺服电机才会改变转动角度。

代码2-2　i除以5的余数

```
i % 5
```

第 24 行暂停 0.1 s，等待伺服电机转动。for 语句结束之后，第 26~28 行将 3 台伺服电机的转动角度变为 0°。第 29 行停留 1 s 之后，再次执行 loop 函数。上传代码并正常运转时，可以看到连接至 8 号引脚的伺服电机在持续转动，连在 9 号引脚上的伺服电机呈 5° 运转，连在 10 号引脚上的伺服电机呈 10° 运转。如果此时拔掉连接在 Arduino 接地引脚和面包板蓝色长竖列上的跳线，会发生什么呢？伺服电机会全部停止运转。

电虽然和水一样都可以流动，但也有不同之处。只要高度不同，水流可以径自流动，但是电流只有在正极到负极、负极到正极全部连接好的情况下才能流动。这就是为什么拔掉连接在 Arduino 接地引脚和面包板蓝色长竖列上的跳线时，伺服电机会停止运转。

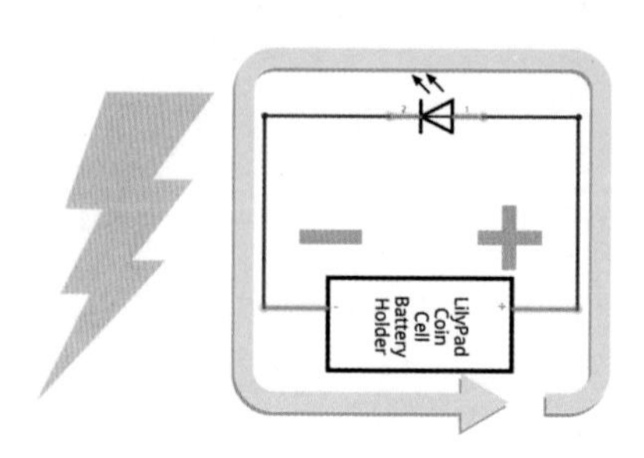

首先看看 Arduino 接地引脚和面包板蓝色长竖列没有连接的情况。此时，红色长竖列连接着 6 V 的正极，蓝色长竖列连接着 6 V 的负极。进入红色长竖列的电流进入伺服电机的红色线后，从黑色线流出，随后经过蓝色长竖列流入 6 V 的负极。相反，连接着伺服电机黄线的 Arduino 的 8~10 号引脚则不通电。如果想操纵伺服电机，那么这些引脚内必须通电，但此处并未连接可以使这些电流回到 Arduino 接地引脚的通路。

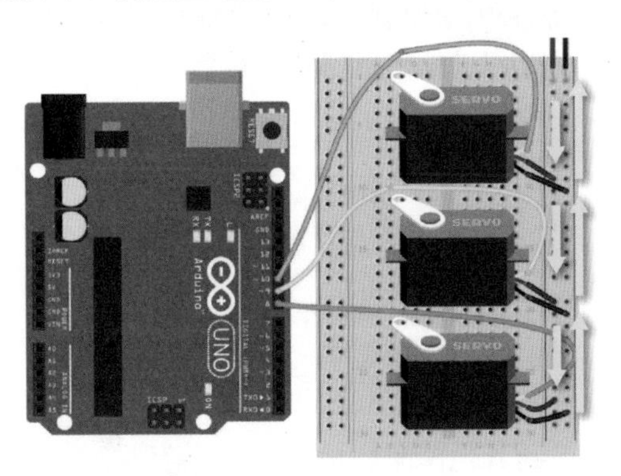

现在看看 Arduino 接地引脚和蓝色长竖列相连接时的情形。此时，流入 Arduino 的 8~10 号引脚的电流会通过与蓝色长竖列相连接的跳线，流向接地引脚。使用外接电源时，请务必记得要像这样连接外接电源的接地引脚和 Arduino 的接地引脚。

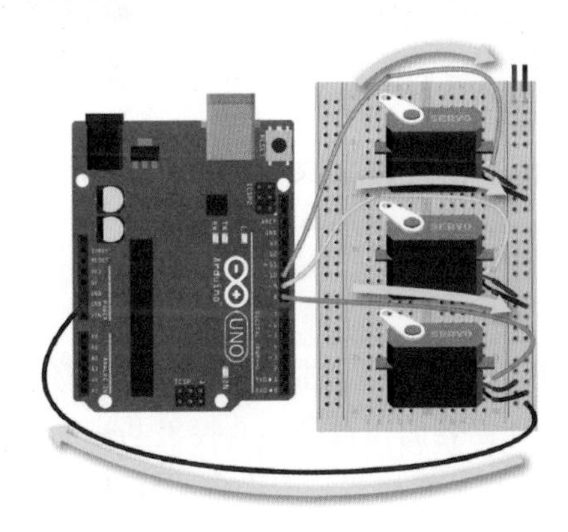

搜索 Arduino 项目

熟悉 Arduino 之后，想必大家想制作的东西会慢慢多起来。读者可能会想制作比之前更难的东西，或者使用没有用过的传感器和执行器。但是动手之前，大家一定很好奇别人是怎么制作与此相似的项目的。为了应对这种状况，下面介绍如何查找与项目相关的资料。

1. Instructables

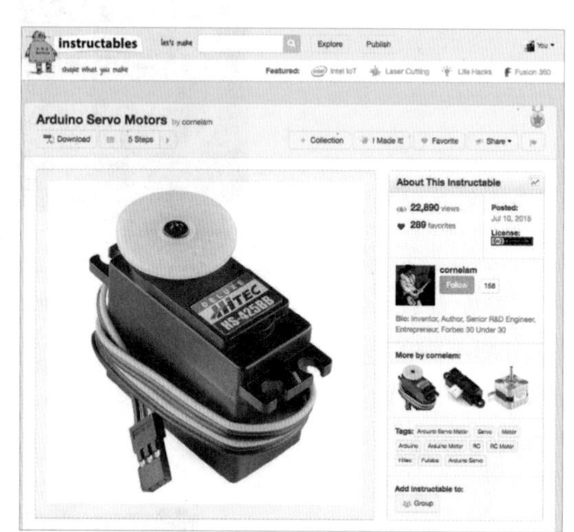

Instructables 是世界知名的共享网站，人们在此分享自己的兴趣或 DIY 相关信息。在 Instructables 上搜索自己想要制作的 Arduino 项目时，会得到其他国家和地区的某个人分享的与之类似项目的制作信息。虽说资料几乎全为英文，但常规信息都可以在此找到。大家可以选择直接进入 Instructables 网站进行搜索，也可以通过谷歌查找。但我建议大家尽量使用谷歌搜索。如果想找到与伺服电机相关的 Arduino 项目，可以到谷歌上搜索 instructables arduino servo motor，这样可以看到很多使用伺服电机的 Arduino 项目。

2. makezine 主页

在 makezine 主页上也可以找到很多 Arduino 项目，既可以看到 Instructables 上的一些优秀项目的介绍，还可以看到创客们在自己的专栏里共享的项目资料。此外，还能接触到很多创客相关新闻。我建议对创客感兴趣的人订阅 makezine 的邮件，或者参考已出版的《爱上制作》系列丛书。

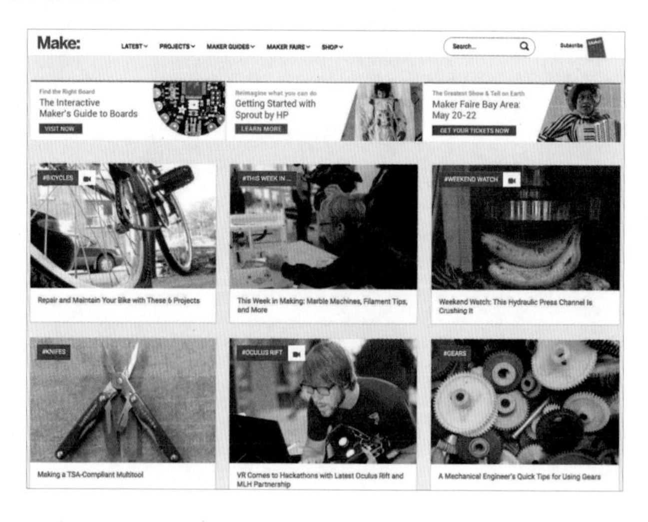

3. Arduino 官方博客

Arduino 官方博客由 Arduino 团队亲自运营。在这里不仅可以看到有关 Arduino 产品的最新信息，还可以看到世界各地的人们利用 Arduino 制作的各种有趣项目。Arduino 的创始人 Massimo Banzi 说过，他每天都会在起床之后看看发布在 Arduino 博客上的 Arduino 项目帖子。虽然这里的所有资料也都是英文的，但可以看到 Arduino 团队精挑细选的 Arduino 项目。希望大家经常浏览这个网站。

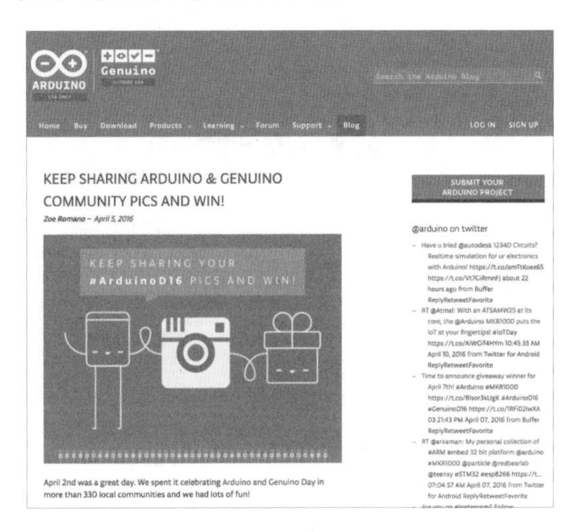

4. neosarchizo Facebook 主页

大家也可以在我的 Facebook 主页上接触各种各样的 Arduino 项目。我主要在此共享新奇又有趣的 Arduino 项目。如果有问题，可以到这个 Facebook 主页上提问，届时我会亲切地答复您。

第3章 使用继电器

3.1 继电器简介

如果要改变火车的行驶轨道，应该怎么做呢？把整个火车直接搬走吗？这恐怕只有超人才能做到。其实只要拉动连杆，火车就可以通过道岔变轨。

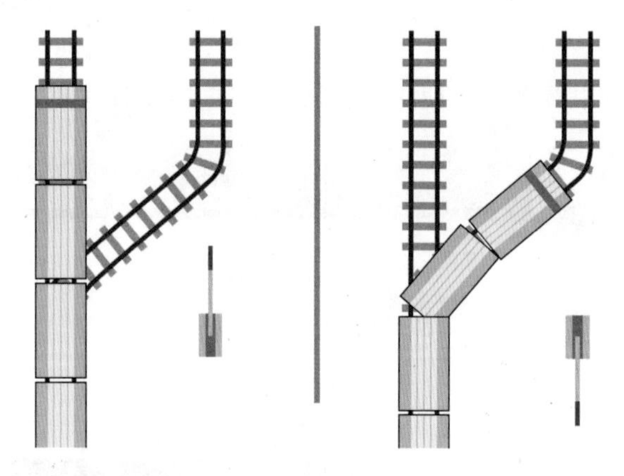

对于继电器，也是同样的道理。一般来说，Arduino 使用电压为 5 V，但是通过继电器，可以控制更高的电压。例如，使用继电器可以连接或断开电视机或台灯的电。

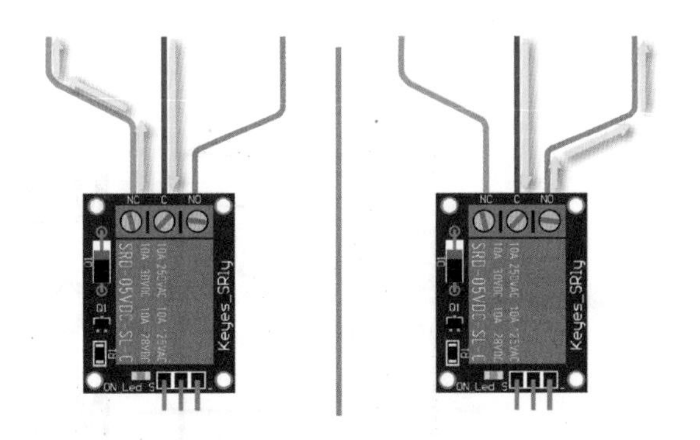

一般的继电器如下图所示。因为只操纵一路电流，所以称为“单路（1-channel）继电器”。继电器上标注 NC、C、NO 的地方是连接电线的部分。制作 Arduino 项目时，常用到中国制造的继电器，所以我们用中文进行标注。C 是 Common 的缩写，连接电路正极。无论电线处于连接还是断开的状态，C 都不受影响，完全不变。NO 是 normally open 的缩写，平时不与 C 相连，除非用继电器设置一个合适的条件才会连接。NC 是 normally closed 的缩写，平时与 C 相连，除非用继电器设置一个合适的条件才会断开。也就是说，通过设置条件，就可以决定与 C 连接的部分是 NC 还是 NO。

NC 常开　　C 公共端　　NO 常闭

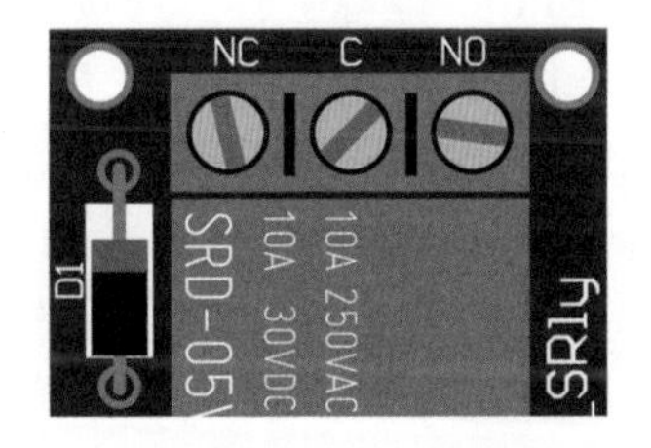

如下图所示，继电器上标注了可连接的电器配置参数。此处使用的继电器最高可连接 250 V 的 AC 或 30 V 的 DC。AC 表示交流电，其电压方向可上下转换，家用电器使用的就是 AC。DC 表示直流电，其电压大小和方向都始终不变，干电池或 DC 适配器使用的就是 DC。电流过载很容易损毁元器件，甚至引发事故，所以使用继电器前必须查看电流是否符合要求。

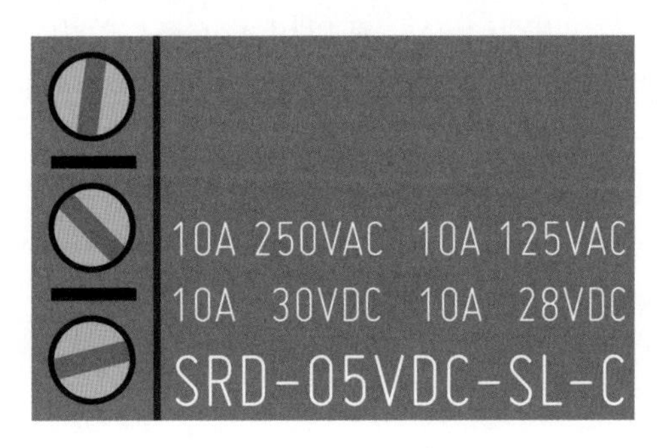

继电器能够改变电路是因为，它包含电磁铁。拆开继电器后，可以看到电磁铁组成的线圈，电流会流经它。利用电磁线圈可以控制开关，从而改变电路。因此，和之前学的外接电源一样，Arduino 板不与电流相连，所以使用继电器时，没有必要将 Arduino 板的接地引脚连接到电流负极。

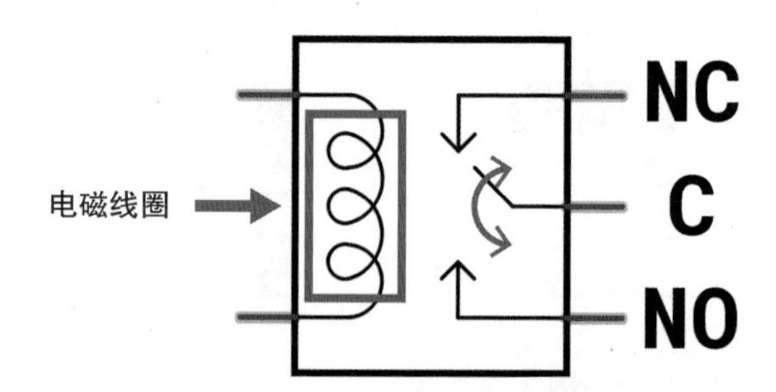

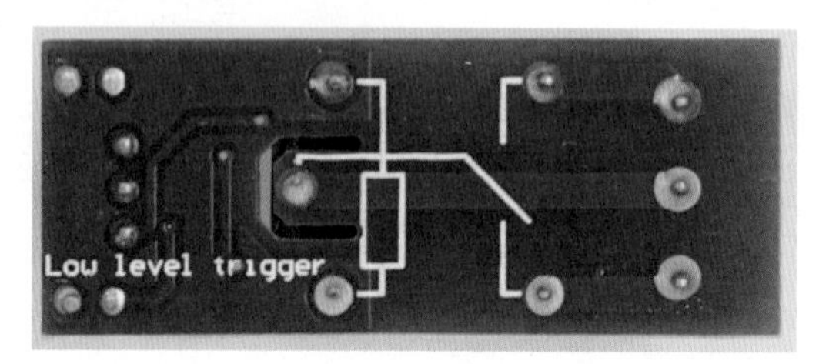

继电器可以设置条件，决定与 C 连接的部分是 NC 还是 NO。不同继电器有不同条件，所以要通过继电器的产品外标或数据清单查看出厂设置。此处使用的继电器底部标注着 Low level trigger，表示操控继电器的引脚电压为 HIGH 时，是继电器的默认状态；而引脚电压为 LOW 时，触点连接发生变化。

在继电器模块上，标注 IN、GND、VCC 的部分可插入跳线。IN 连接 Arduino 数字输出引脚，GND 连接 Arduino 接地引脚，VCC 连接 Arduino 电源引脚。连接 IN 的数字引脚电压为 HIGH 时，继电器处于默认状态；数字引脚电压为 LOW 时，触点连接发生变化。也就是说，电压为 HIGH 时，C 与 NC 相连；电压为 LOW 时，C 与 NO 相连。如果继电器的条件为 High level trigger，那么结果与上述内容相反，所以使用前要多加注意。

3.2 电子门锁简介

电子门锁用电控制门的开闭。在“全球速卖通”等电商搜索 electric door strike 即可购买。电子门锁通常的工作电压为 12 V，所以用 Arduino 控制门锁时，最好使用继电器。电子门锁的工作原理与继电器如出一辙，也通过内置的电磁铁实现操作。

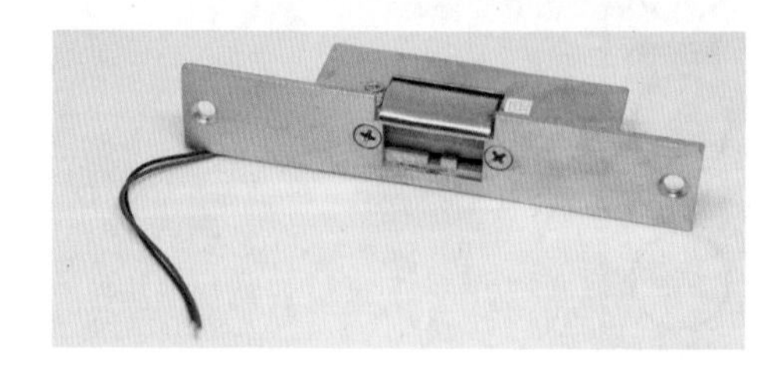

发动机可以发动，是因为和继电器一样使用了电磁铁。但是，此类电磁铁元器件断电时会发生倒流，如果没有保护装置，很容易损坏与其相连的 Arduino 或 DC 适配器。此处使用的继电器内置了保护装置，读者不必担心。但是电子门锁工作电压高，使用的线圈大，所以发生倒流时，极易损坏 DC 适配器。因此，购买电子门锁时，最好选择不会发生倒流的 DC 电子门锁。如果购买了普通电子门锁，就要利用二极管制作一个保护装置，这个过程可能会相当困难。我们使用的是 DC 专用电子门锁。

3.3 利用 Arduino 操控电子门锁

准备物品

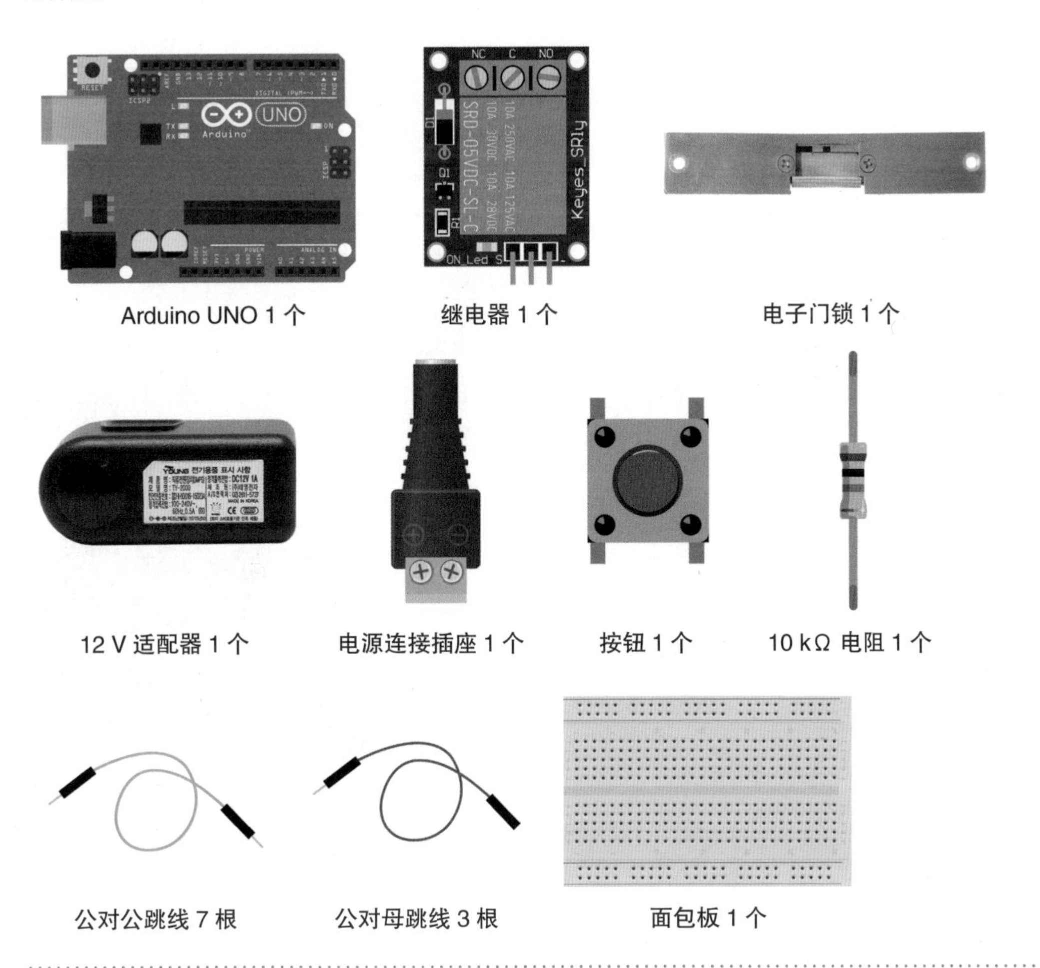

Arduino UNO 1 个　继电器 1 个　电子门锁 1 个

12 V 适配器 1 个　电源连接插座 1 个　按钮 1 个　10 kΩ 电阻 1 个

公对公跳线 7 根　公对母跳线 3 根　面包板 1 个

下面用 Arduino 控制电子门锁，按下按钮打开门锁，松开按钮锁门。如电路图 3-1 所示，连接 Arduino。

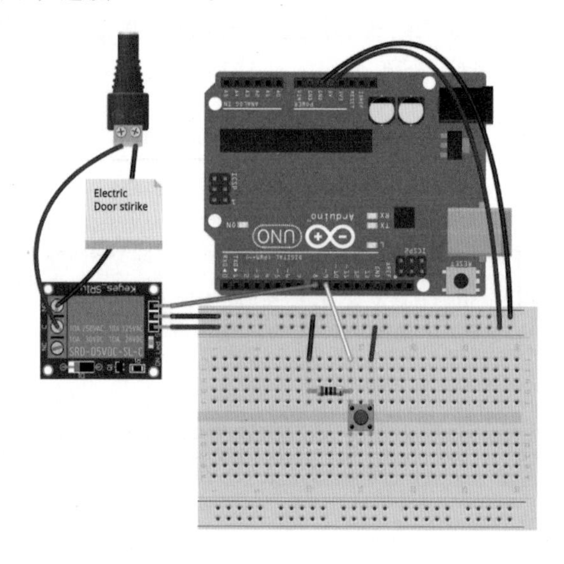

电路图3-1　利用 Arduino 操控电子门锁

01　将 Arduino 接地引脚连接至面包板蓝色长竖列，将 Arduino 电源引脚连接至红色长竖列。将按钮插在面包板上，并与 Arduino 板 9 号引脚相连。

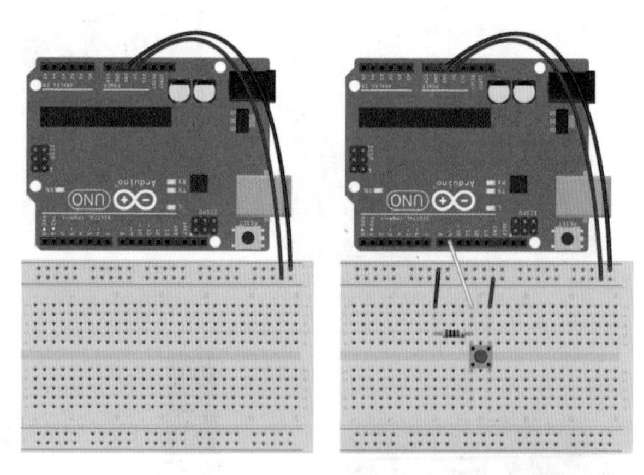

02　将继电器的 VCC 连接至插有电源引脚的长竖列。

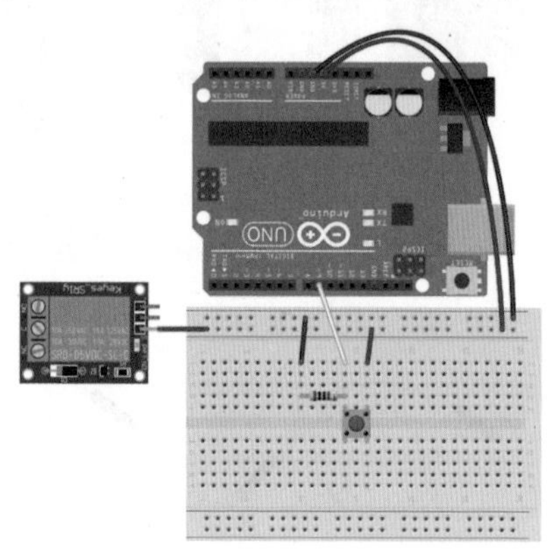

03 将继电器的 GND 连接至插有接地引脚的长竖列。

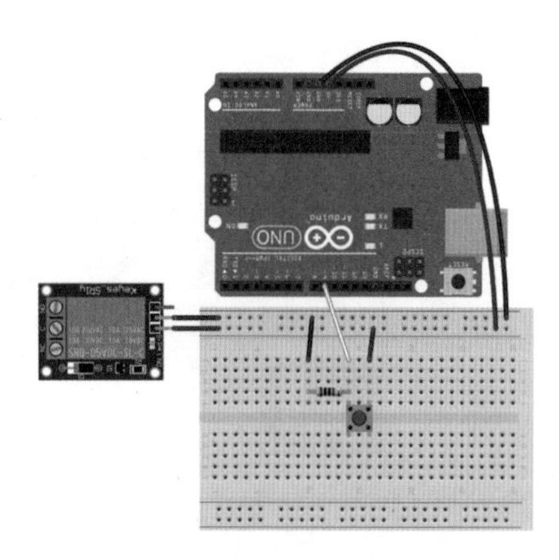

04 将继电器 IN 连接至 Arduino 板的 8 号引脚。

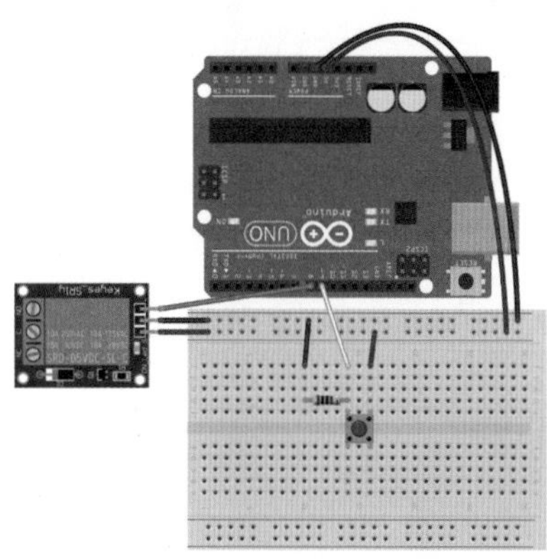

05 将电源连接插座连接到 12 V 适配器。注意！连接电路时，一定要记得从插座上拔掉适配器插头，而且要区分电源连接插座的正负极。

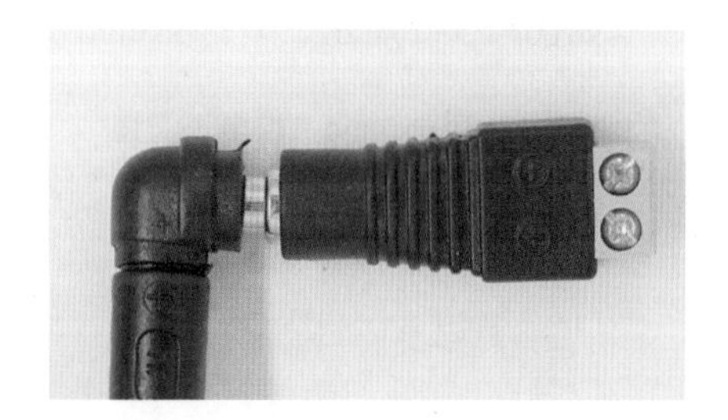

06 黑色线为电子门锁负极，将它连接到电源连接插座负极。红色线为电子门锁正极，将它连接到继电器 NO 触点。

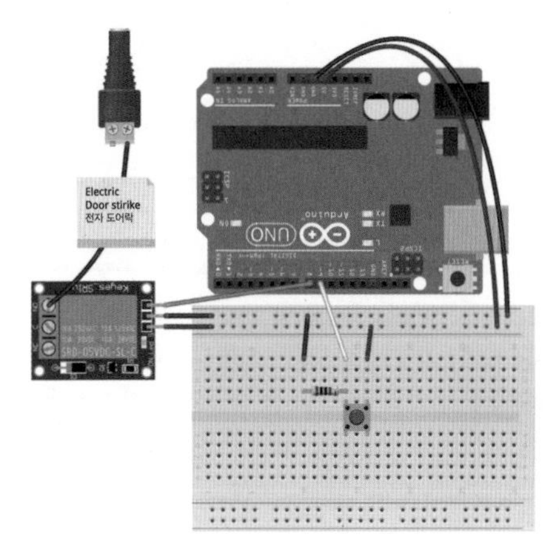

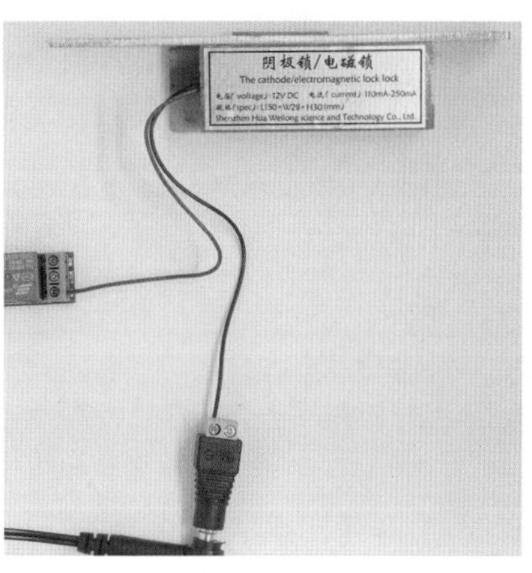

07 将电源连接插座正极连接至继电器触点 C。

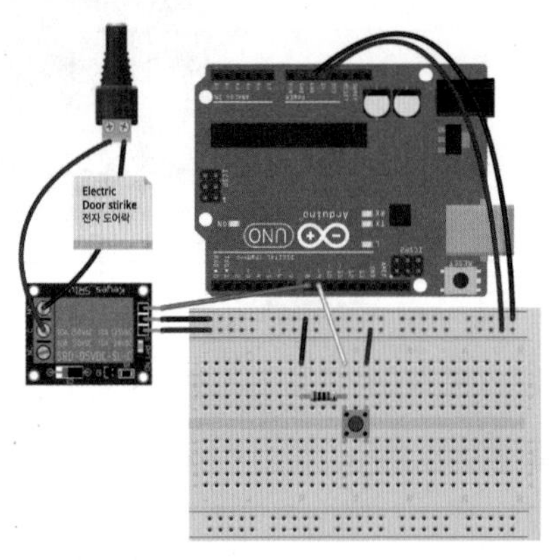

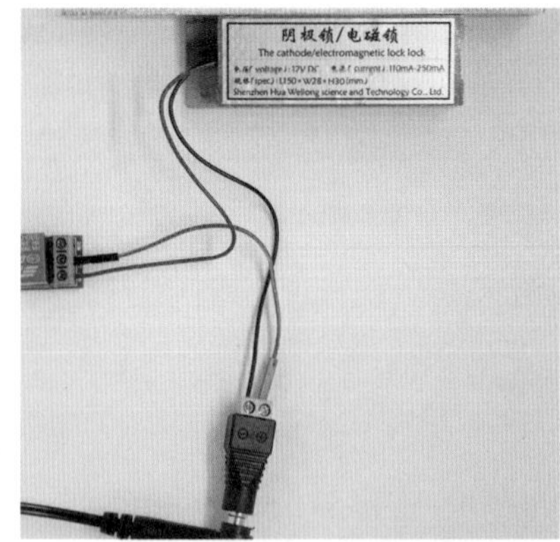

08 成品如图所示！

如代码 3-1 所示，编写 sketch 文档。

代码3-1 利用Arduino操控电子门锁

```
1   #define RELAY 8
2   #define BUTTON 9
3
4   int pState = LOW;
5
6   void setup() {
7     pinMode(RELAY, OUTPUT);
8     pinMode(BUTTON, INPUT);
9     digitalWrite(RELAY, HIGH);
10  }
11
12  void loop() {
13    int state = digitalRead(BUTTON);
14
15    if (state == HIGH && pState == LOW)
16      digitalWrite(RELAY, LOW);
```

```
17      else if (state == LOW && pState == HIGH)
18        digitalWrite(RELAY, HIGH);
19
20      pState = state;
21    }
```

读者可能觉得第1~2行的#define比较陌生，它表示宏定义常量。常量与变量不同，其值一旦放入“碗”中（此处比喻参见“入门篇”），就不再变化。宏定义常量的值是固定的，可简单理解为“查找和替换”功能。我们在电脑上打出一篇文字后，如果有写错的单词，就会使用“查找和替换”功能进行修改。宏定义常量也是同理。我们看代码时看到的是RELAY，Arduino则会识别为8，这就是宏常量。同样，我们看到的第2行的BUTTON，对于Arduino来说则是9。

第4行声明变量pState，并代入LOW值。执行loop函数时，可以用此变量获取按钮的状态值。也就是说，这个变量可以告诉我们，按钮是按下的状态还是松开的状态。执行setup函数时，将连接至继电器的8号引脚设为输出，将连接至按钮的9号引脚设为输入。此处继电器的条件为Low level trigger，当电压为HIGH时，继电器处于默认状态；电压为LOW时，继电器触点连接发生变化。所以，设置输入/输出后，应立即将继电器的电压设为HIGH，使继电器初始状态为默认状态。

第13行执行loop函数时，输入了state变量，以读取按钮的状态值。随后在第15~18行用if语句查看按钮状态。第15行判断state是否为HIGH，pState是否为LOW，在按钮为按下的状态时，该条件为真。此时，第16行将继电器电压变换至LOW，使继电器触点连接发生变化。这样触点C便会与触点NO相连，使电子门锁通电。电子门锁通电时会打开。

第17行判断state是否为LOW，pState是否为HIGH。在按钮为松开状态下，该条件为真。此时，第18行将继电器电压变为HIGH，使其回到默认状态。在此状态下，C与NO断开连接，电子门锁断电锁门。

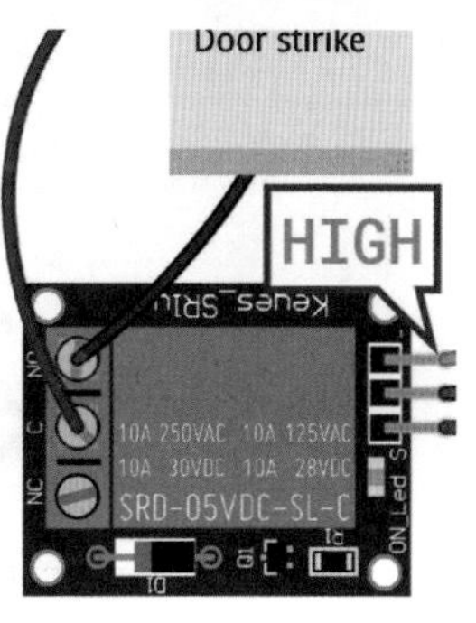

执行if语句后，第20行将state变量的当前按钮状态值保存到pState，以便在接下来执行的loop函数中读取当前按钮状态值。成功运行上述示例后，可以看到按下按钮时，电子门锁打开。

继电器还可以控制电动桌子！

我们成功地用继电器控制了电子门锁，其实它还可以控制很多东西。以我为例，由于我时常站着工作，需要一种可以上下升降的电动桌子，所以通过继电器，利用 Arduino 做了个项目。将蓝牙连接至 Arduino 后，可以通过 Android 手机控制电动桌子。

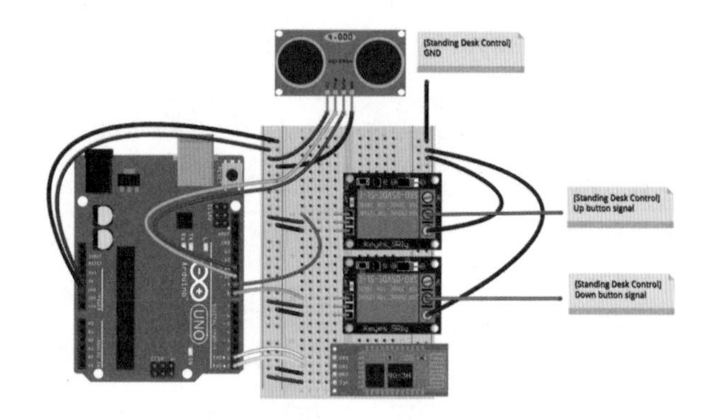

本项目需要准备 Arduino UNO、超声波传感器、继电器、蓝牙等。电动桌子上原本有可以调整桌子高度的开关，被我拆除了，连接在开关上的线都连接到继电器上。

将 Arduino 和配件一同放入纸箱，并把纸箱粘贴在桌子下方。超声波传感器用于测量电动桌子的高度，此处使超声波传感器朝向地面。

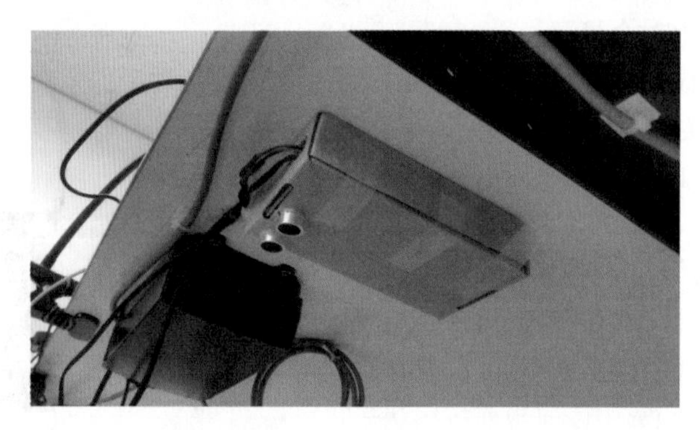

蓝牙用于与 Android 手机通信。为了控制电动桌子，我还制作了一个 Android App。打开 App 后，按上下按钮就可以调整电动桌子的高度。我已将此项目的电路图、sketch 文档、App 代码全部公开于 GitHub 页面，读者制作此项目时可以参考。请试着利用继电器控制家中的电器吧。

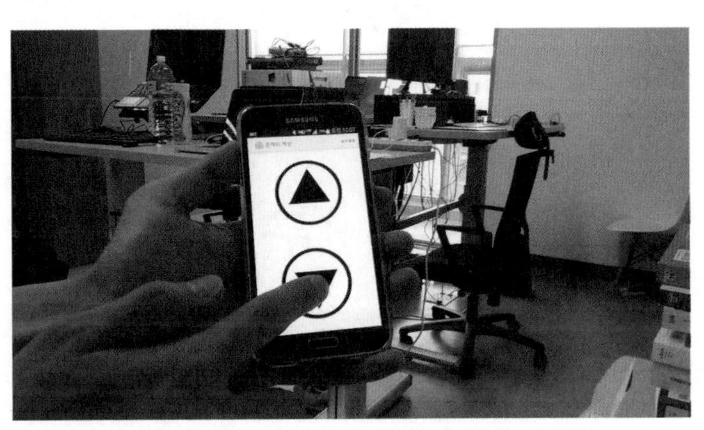

第4章

Arduino LEONARDO

4.1 Arduino LEONARDO 简介

Arduino 团队现在已经不再支持 Arduino LEONARDO，但是因为其与 Arduino UNO 形态相似、功能有趣，所以人们经常通过兼容板使用它。“有趣的功能”是指将其连接到计算机后，可以用作键盘或鼠标。

当 Arduino LEONARDO 与计算机连接时，后者会将 Arduino LEONARDO 识别为键盘或者鼠标。在此状态下，Arduino LEONARDO 可以用 Keyboard 和 Mouse 库，向计算机发出命令，使键盘输入或鼠标移动。此功能还可以用于打造操纵游戏的 JoyStick。

4.2 JoyStick Shield

如果 Arduino LEONARDO 可以被识别为键盘和鼠标，那么如何将其制作为 JoyStick 呢？其实，不需要逐一连接按钮和操纵键，只要使用 JoyStick Shield 就可以轻松解决问题。现在市面上的 JoyStick 种类多样，向大家介绍的这款 ITEAD JoyStick Shield 既便宜又容易买到，在“全球速卖通”或 Devicemart 均可购买。

ITEAD JoyStick Shield 有 7 个按钮和 1 个 JoyStick。在扩展板可以看到每一个按钮都标有英文字母，唯独没有被标记 C 的部分就是 JoyStick，此处用作按钮。将 ITEAD JoyStick Shield 的各个按钮和 JoyStick 连接至表 4-1 中的 Arduino 引脚，这些引脚平时不与任何地方相连，但按下按钮后就会与 Arduino 接地引脚相连。接着，使用制作傻瓜箱子时学到的 INPUT_PULLUP，判断是否按下按钮。JoyStick 的 X 轴和 Y 轴分别连接到模拟输入引脚 A1、A0。在中间部分时，用 analogRead 函数读取的值大约为 1023 的一半，也就是 511 左右。随着向两侧不断延伸，就会得到 0 或者 1023。

表4-1 连接 ITEAD JoyStick Shield 的 Arduino 引脚

A	B	C	D	E	F	G	X 轴	Y 轴
7	6	5	4	3	8	9	A1	A0

注意，使用 ITEAD JoyStick Shield 时，如果 Arduino 板最大输入电压为 5 V，就要将图中接口置于 5 V 处。如果要使用 Arduino DUE 或 Arduino101 等最大输入电压为 3.3 V 的 Arduino 板，就要将图中的接口置于 3.3 V 处。

ITEAD JoyStick Shield 右上角可以看到图中所示引脚，这些引脚连接按钮和 JoyStick。旁边的 Pin Map 上标注着与各引脚相对应的按钮和 JoyStick。如果使用的板没有 Arduino UNO 的形态，而是无法直接安插 ITEAD

JoyStick Shield 的 Arduino MINI 和 Arduino NANO 等，此时可以使用这些引脚。

4.3 利用 Arduino LEONARDO 操控《超级玛丽》

准备物品

Arduino LEONARDO 1 个

ITEAD JoyStick Shield 1 个

现在利用 Arduino LEONARDO 和 ITEAD JoyStick Shield 制作一个 JoyStick，实现操控《超级玛丽》。我们也可以在浏览器上直接玩《超级玛丽》。操控《超级玛丽》的“上、下、左、右”操作键在键盘上分别为 W、A、S、D，如果要发射火花就要按 Shift 键，P 键停止游戏，M 键静音。也就是说，要通过操控 ITEAD JoyStick Shield 的按钮和 JoyStick，将《超级玛丽》的操作键指令发送给计算机。

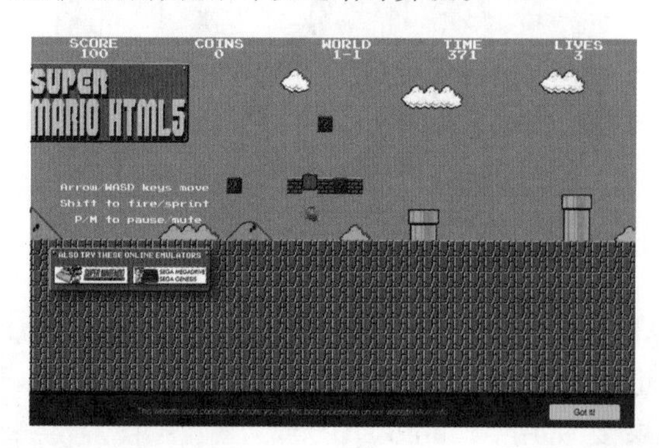

ITEAD JoyStick Shield 与 Arduino 板的连接十分简单，故此处不提供电路图。只要如图所示，将 ITEAD JoyStick Shield 安插在 Arduino 板上即可。

如代码 4-1 所示，编写 sketch 文档。

代码4-1 利用Arduino LEONARDO操控《超级玛丽》

```
#include <Keyboard.h>

int pins[3] = {7, 3, 4};
int keys[3] = {KEY_LEFT_SHIFT, 'p', 'm'};

void setup() {
  for (int i = 0; i < 3; i++) {
    pinMode(pins[i], INPUT_PULLUP);
  }
  Keyboard.begin();
}

void loop() {
  for (int i = 0; i < 3; i++) {
    if (digitalRead(pins[i]) == LOW)
      Keyboard.press(keys[i]);
    else
      Keyboard.release(keys[i]);
  }

  int x = analogRead(A1);
  int y = analogRead(A0);

  if (x < 456) {
    Keyboard.press(KEY_LEFT_ARROW);
    Keyboard.release(KEY_RIGHT_ARROW);
  } else if (x > 556) {
    Keyboard.press(KEY_RIGHT_ARROW);
    Keyboard.release(KEY_LEFT_ARROW);
  } else {
    Keyboard.release(KEY_LEFT_ARROW);
    Keyboard.release(KEY_RIGHT_ARROW);
  }

  if (y < 473) {
    Keyboard.press(KEY_DOWN_ARROW);
```

```
37          Keyboard.release(KEY_UP_ARROW);
38        } else if (y > 573) {
39          Keyboard.press(KEY_UP_ARROW);
40          Keyboard.release(KEY_DOWN_ARROW);
41        } else {
42          Keyboard.release(KEY_DOWN_ARROW);
43          Keyboard.release(KEY_UP_ARROW);
44        }
45      }
```

代码 4-1 第 1 行如代码 4-2 所示，表示即将使用名为 Keyboard 的键盘库。

代码4-2 声明Keyboard库

```
#include <Keyboard.h>
```

可以在 sketch 文档开始部分手动输入代码 4-2，也可以选择【sketch】-【内部库】-【Keyboard】自动生成。

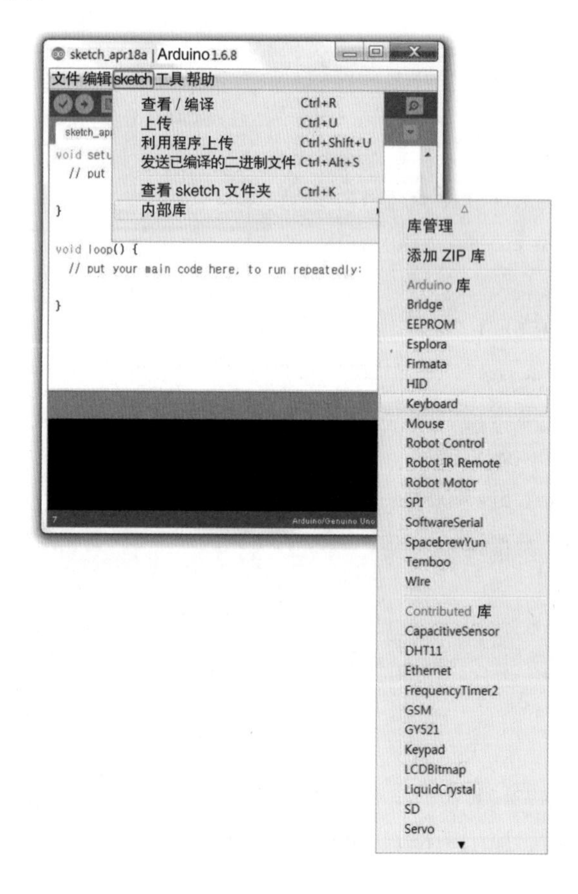

第 3 行的 pins 利用数组，设置了 ITEAD JoyStick Shield 将使用的按钮的引脚号码。7、3、4 号引脚分别连接 A、E、D 按钮。第 4 行用数组设置按下按钮后向计算机发送的键。按下按钮 A 就会向计算机发送“左 SHIFT 键被按住”，按下按钮 E 就会发送“P 键被按住”，按下按钮 D 就会发送“M 键被按住”。此处，KEY_LEFT_SHIFT 指左 SHIFT 键，是 Keyboard 库默认设置的常量。一般来说，SHIFT 键等拥有特殊功能的键称为修饰键。表 4–2 展示了 KEY_LEFT_SHIFT 等修饰键，对于每个键的功能，读者均可“顾名思义”。其中，KEY_LEFT_GUI、KEY_RIGHT_GU 键表示画有 LOGO 的键，在 Windows 键盘上为，在 Mac 键盘上为⌘。

表4–2　Keyboard 库使用的修饰键

KEY_F1	KEY_F2	KEY_F3	KEY_F4	KEY_F5	KEY_F6
KEY_F7	KEY_F8	KEY_F9	KEY_F10	KEY_F11	KEY_F12
KEY_LEFT_CTRL	KEY_LEFT_SHIFT	KEY_LEFT_ALT	KEY_LEFT_GUI	KEY_RIGHT_CTRL	KEY_RIGHT_SHIFT
KEY_RIGHT_ALT	KEY_RIGHT_GUI	KEY_UP_ARROW	KEY_DOWN_ARROW	KEY_LEFT_ARROW	KEY_RIGHT_ARROW
KEY_BACKSPACE	KEY_TAB	KEY_RETURN	KEY_ESC	KEY_INSERT	KEY_DELETE
KEY_PAGE_UP	KEY_PAGE_DOWN	KEY_HOME	KEY_END	KEY_CAPS_LOCK	

第 7~9 行执行 setup 函数时，pins 利用数组将按钮模式设为 INPUT_PULLUP。第 10 行的 Keyboard.begin 表示将 Arduino 识别为键盘，只有执行此命令，Arduino 才能向计算机发出控制键盘的指令。

 函数说明

Keyboard.begin()

可以使Arduino LEONARDO、Arduino DUE、Arduino MICRO被计算机识别为键盘或鼠标。只有执行此函数，才能向计算机发出控制键盘的指令。

结构

Keyboard.begin()

参数

无

返回值

无

示例

```
Keyboard.begin();
//将连接在计算机上的Arduino识别为键盘。
```

第14~19行执行loop函数，利用pins判断是否按下按钮。此处使用了INPUT_PULLUP，所以按钮平时的电压为HIGH，被按住时变为LOW。第15行的条件是“按住按钮时电压为LOW”，所以第16行通过Keyboard.press指令向计算机发出“按下键盘”的命令。Keyboard.press指令告知计算机被按住的是哪一个按钮。如果按住pins数组中的某个引脚，且其号码被识别，那么keys数组中与它在相同位置上的文字按键会向计算机发出“被按住”的消息。

函数说明

Keyboard.press()
向计算机发出按住某个键的消息。

结构
Keyboard.press(键)

参数
键：向计算机发送按住这个键的消息。

返回值
无

示例
Keyboard.press('a');
//向计算机发出按住a键的消息。

如果第15行的条件不成立，即未按下按钮，则执行第18行。此时与第16行相反，计算机会通过Keyboard.release指令接收键盘键被松开的命令。Keyboard.release指令和第16行的原理相同，向计算机发出与被松开按钮相对应的键盘按键“被松开”的消息。这样，按住ITEAD JoyStick Shield上的A、E、D按钮，计算机就会识别“与这些按钮相对应的键盘按键被按住”。Keyboard库松开这些按钮，计算机也会有相应的识别。

函数说明

Keyboard.release()
向计算机发出松开某个键的消息。

结构
Keyboard.release(键)

参数
键：向计算机发送松开这个键的消息。

返回值

无

示例

```
Keyboard.release('a');
//向计算机发送松开a键的消息。
```

第 21~22 行执行 analogRead 函数，将 JoyStick 的值分别代入 x、y 变量。不同用户读取的值可能不一样，我没有动这个 JoyStick，即它在中间部分的情况下，读取的值为 x = 506，y = 523。大家可以根据这些值，判断 JoyStick 在上、下、左、右哪个方向。

第 24~33 行以 x 值为基准，向计算机发出左方向键（KEY_LEFT_ARROW）或右方向键（KEY_RIGHT_ARROW）被按住的指令。此处，值为 0~455 是左方向键，值为 557~1023 是右方向键。此外，值为 456~556 时，会发出“松开全部方向键”的消息。因此，在第 24 行判断值是否比 456 小，如果是，就在第 25~26 行向计算机发送“按住左方向键，松开右方向键”。在第 27 行判断值是否比 556 大，如果是，就在第 28~29 行向计算机发送“按住右方向键，松开左方向键”。如果上述条件均不符合，则表示 JoyStick 处于中间部分，所以第 31~32 行向计算机发送“松开左、右方向键”。

上、下方向键也是同理。第 35~44 行以 y 为基准，向计算机发出上方向键（KEY_UP_ARROW）或下方向键（KEY_DOWN_ARROW）被按住的指令。此处，值为 0~472 是下方向键，值为 574~1023 是上方向键。此外，值为 473~573 时，会发出“松开全部方向键”的消息。因此，在第 35 行判断值是否比 473 小，如果是，就在第 36~37 行向计算机发送“按住下方向键，松开上方向键”。在第 38 行判断值是否比 573 大，如果是，就在第 39~40 行向计算机发送“按住上方向键，松开下方向键”。如果上述条件均不符合，则意味着 JoyStick 处于中间部分，所以第 42~43 行向计算机发送“松开上、下按键”。

上传代码并成功运行后，可以用 JoyStick 操控《超级玛丽》。只要稍微调整按键，就可以在其他计算机上执行相同操作。快用 Arduino LEONARDO 和 JoyStick Shield 制作一个专属于你的 JoyStick 吧。

> 提示 用 Keyboard 库可以只发送一个文字！即使是 Keyboard 库，也有与 Serial 库类似的指令：Keyboard.print、Keyboard.println，它们同样可以发送多个文字。读者想用计算机自动输入文字时，不妨一试。

将 Arduino LEONARDO 设为鼠标

我们利用 Arduino LEONARDO 和 Keyboard 库制作了 JoyStick。如果想将 Arduino LEONARDO 用作鼠标，应该怎么做呢？只要利用与 Keyboard 库相似的 Mouse 库即可。

1. 设置 Mouse 库

使用 Mouse 库时，应当在 sketch 文档的开始部分手动输入代码 4–3。或者选择【sketch】-【内部库】-【Mouse】自动生成。

代码4–3 声明Mouse库

```
#include <Mouse.h>
```

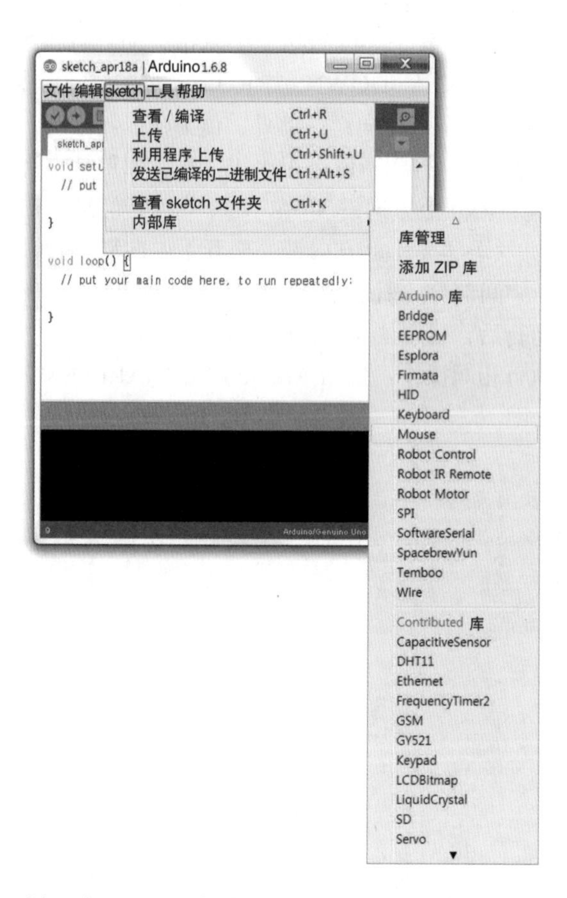

和 Keyboard 库一样，在 setup 函数中执行 Mouse.begin 指令，这样才能向计算机发出控制鼠标的命令。

函数说明

Mouse.begin()
可以使计算机将Arduino LEONARDO、Arduino DUE、Arduino MICRO识别为键盘或鼠标。只有执行此函数，才能向计算机发出控制鼠标的指令。

结构
Mouse.begin()

参数
无

返回值
无

示例
Mouse.begin();
//将连接在计算机上的Arduino识别为鼠标。

2. 移动鼠标

如果想移动鼠标或旋转滚轮，就要使用 Mouse.move 指令。不过，使用该指令时需注意，通过 Arduino LEONARDO 执行该命令期间，无法使用连接在计算机上的真正的鼠标。因此，使用该命令前要确认是否真的允许冻结真正的鼠标。

函数说明

Mouse.move()
移动鼠标指针。

结构
Mouse.move(x轴移动范围, y轴移动范围, 滚轮移动范围)

参数
x轴移动范围：鼠标指针在x轴上移动的范围。
y轴移动范围：鼠标指针在y轴上移动的范围。
滚轮移动范围：鼠标指针在滚轮上移动的范围。

返回值
无

示例
Mouse.move(10, 0, 0);
//鼠标指针向右移动10。
Mouse.move(-10, 0, 0);
//鼠标指针向左移动10。

3. 按下并松开鼠标键

Mouse 库与 Keyboard 库一样，有 Mouse.press 和 Mouse.release 指令，用法也都差不多。区别在于，Keyboard 库拥有很多可以使用的按键，但如表 4-3 所示，Mouse 库只有 3 个按键可用，分别为鼠标左键（MOUSE_LEFT）、鼠标滚轮（MOUSE_MIDDLE）、鼠标右键（MOUSE_RIGHT）。

表4-3 Mouse 库使用的按键

MOUSE_LEFT	MOUSE_MIDDLE	MOUSE_RIGHT

通过这些按键可以执行 Mouse.press 和 Mouse.release 指令。这些指令也可以在无参数的情况下执行，此时，计算机会默认识别为按住鼠标左键。

函数说明

Mouse.press()
向计算机发出按住鼠标按键的指令。

结构
Mouse.press(鼠标按键)

参数
鼠标按键：向计算机发出按下按键的消息。也可以不输入参数，直接执行命令，此时，计算机会默认识别为按住鼠标左键（MOUSE_LEFT）。

返回值
无

示例
```
Mouse.press();
//向计算机发出按住鼠标左键的指令。
Mouse.press(MOUSE_MIDDLE);
//向计算机发出按住鼠标滚轮的指令。
```

函数说明

Mouse.release()
向计算机发出松开鼠标按键的指令。

结构
Mouse.release(鼠标按键)

参数

鼠标按键：向计算机发出松开按键的消息。也可以不输入参数，直接执行命令，此时，计算机会默认识别为松开鼠标左键（MOUSE_LEFT）。

返回值

无

示例

```
Mouse.release();
//向计算机发出松开鼠标左键的指令。
Mouse.release(MOUSE_MIDDLE);
//向计算机发出松开鼠标滚轮的指令。
```

4. 点击鼠标

与键盘不同，鼠标还会用到点击或者双击指令。利用 Mouse 库执行 Mouse.click 即可轻松实现。使用此指令，计算机就会识别在某一瞬间点击了鼠标。不过需要注意，它和 Mouse.move 一样，执行点击命令时，无法使用连接在计算机上的真正的鼠标，所以使用前要加以确认。与 Mouse.press 和 Mouse.release 指令一样，Mouse.click 也可以在无参数的情况下继续执行。同样，此时计算机会默认识别为点击了鼠标左键。

函数说明

Mouse.click()

向计算机发出点击鼠标按键的指令。

结构

Mouse.click(鼠标按键)

参数

鼠标按键：向计算机发出点击指令的按键。也可以不输入参数，直接执行命令，此时，计算机会默认识别为点击鼠标左键（MOUSE_LEFT）。

返回值

无

示例

```
Mouse.click();
//向计算机发出点击鼠标左键的指令。
Mouse.click(MOUSE_MIDDLE);
//向计算机发出点击鼠标滚轮的指令。
```

第5章

破解串口通信

5.1 利用 switch 语句实现串口通信

准备物品

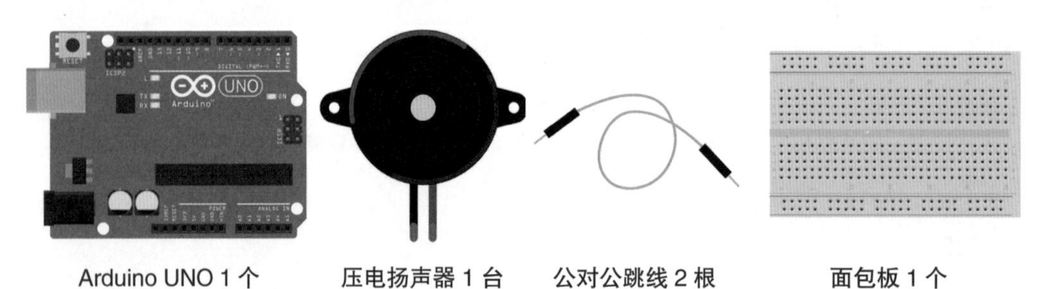

本节利用串口通信和 switch 语句，用压电扬声器播放旋律。在串口监视器输入 a~f，Arduino 就会播放与这些字母对应的音符。

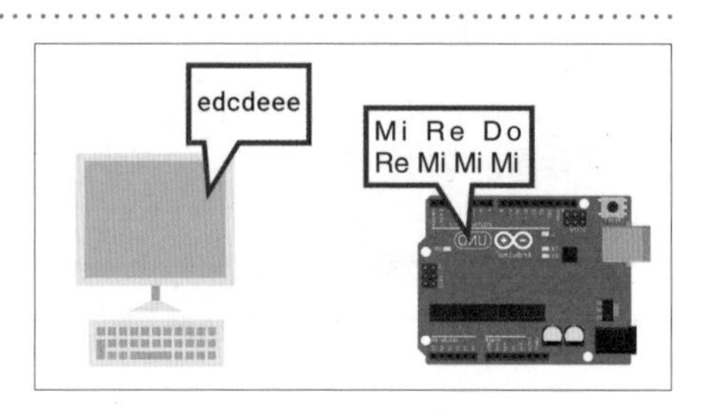

如电路图 5-1 所示，连接 Arduino。

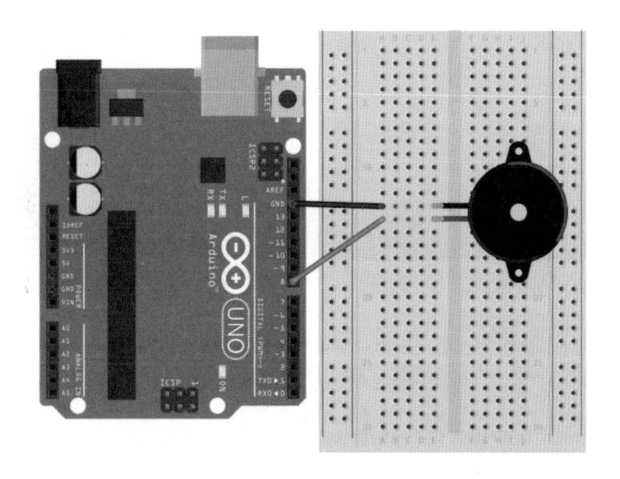

电路图5-1 利用 switch 语句实现串口通信

01 压电扬声器上标注加号（+）的引线为正极。如果没有标识帮助区分，那么长的引线就是正极，短的引线为负极。区分引线后，将压电扬声器插到面包板上。

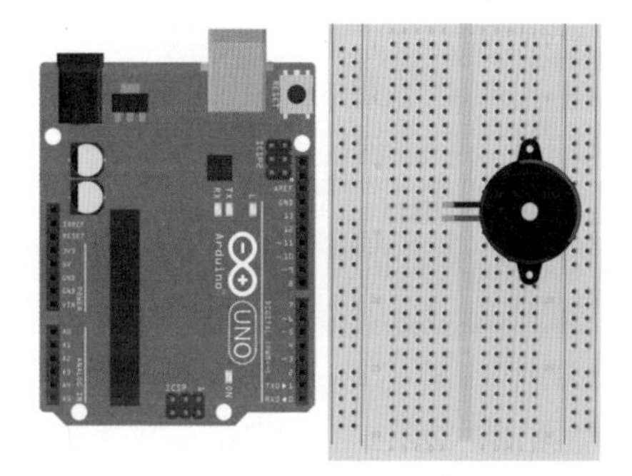

02 用跳线连接 Arduino UNO 接地引脚和压电扬声器负极插入的列。

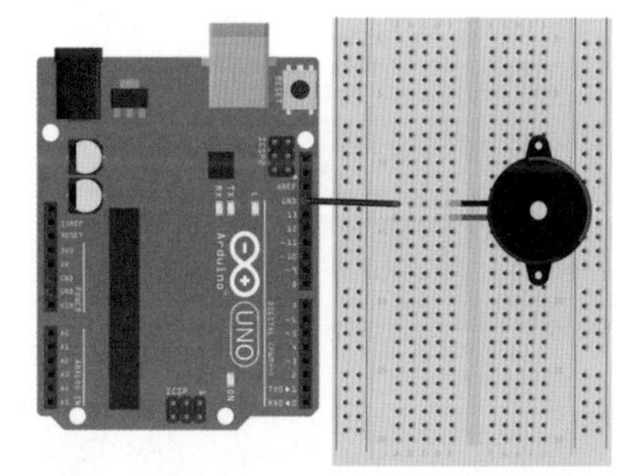

03 用跳线连接 Arduino UNO 的 8 号引脚和压电扬声器正极插入的列。

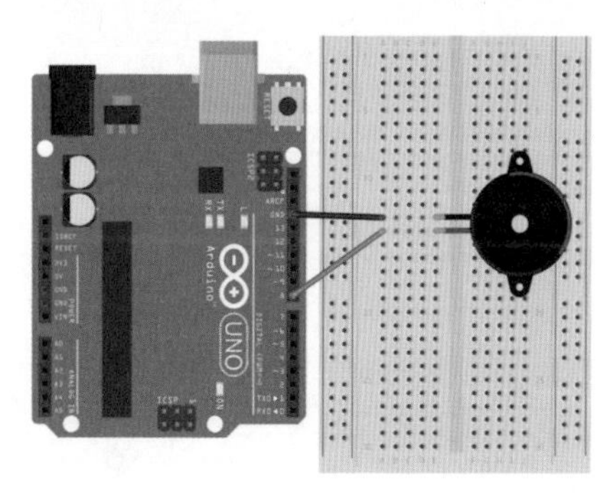

04 成品如图所示！

如代码 5-1 和代码 5-2 所示，编写 sketch 文档。

代码5-1　**利用switch语句实现串口通信：part05_01.ino**

```
1   #include "pitches.h"
2
3   void setup() {
4     Serial.begin(9600);
5   }
6
7   void loop() {
8     if (Serial.available()) {
9       char c = Serial.read();
10
11      switch (c) {
12        case 'a':
13          tone(8, NOTE_A4, 500);
14          delay(500);
15          break;
16        case 'b':
17          tone(8, NOTE_B4, 500);
18          delay(500);
19          break;
20        case 'c':
21          tone(8, NOTE_C4, 500);
22          delay(500);
23          break;
24        case 'd':
25          tone(8, NOTE_D4, 500);
26          delay(500);
27          break;
```

```
28          case 'e':
29            tone(8, NOTE_E4, 500);
30            delay(500);
31            break;
32          case 'f':
33            tone(8, NOTE_F4, 500);
34            delay(500);
35            break;
36          case 'g':
37            tone(8, NOTE_G4, 500);
38            delay(500);
39            break;
40        }
41      }
42    }
```

代码5-2　利用switch语句实现串口通信：pitches.h

```
1    #define NOTE_C4  262
2    #define NOTE_D4  294
3    #define NOTE_E4  330
4    #define NOTE_F4  349
5    #define NOTE_G4  392
6    #define NOTE_A4  440
7    #define NOTE_B4  494
```

在代码 5-1 的第 1 行可以看到之前使用库时多次涉及的代码，但此处并未使用库。代码 5-3 表示添加了 pitches.h 文件，即代码 5-2。通过添加标签，可以添加 pitches.h 等文件。

代码5-3　添加pitches.h

```
#include "pitches.h"
```

添加文件的方法如下所示。

01　首先保存 sketch 文件，随后点击串口监视器图标下面的向下的箭头按钮。

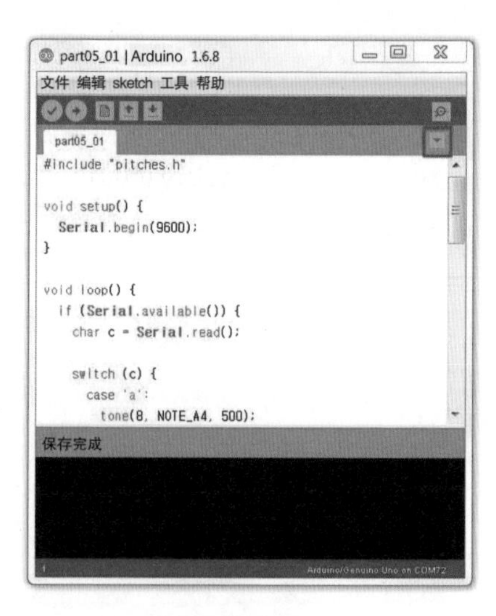

02　点击按钮即可看到【新建标签】菜单。点击以新建标签。

03　输入想要的文件名。此处的文件名为 pitches.h，输入后点击【确认】。

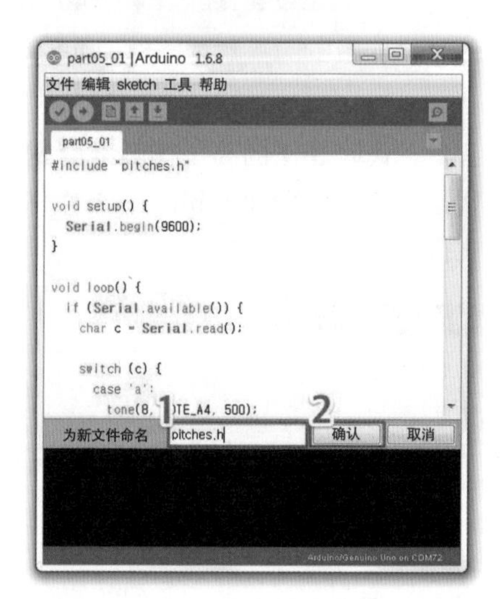

04 可以看到，生成之前命名的标签。

代码 5-2 声明了一些宏定义常量，并没有别的内容。一般来说，文件扩展名 h 不仅用于宏定义常量，还用于输入相关的函数信息。但在 Arduino 项目上，如代码 5-2 所示，多用于分类整理宏定义常量。代码 5-2 用宏定义常量声明了 4 个八度音阶的音调值。利用此值，代码 5-1 可以用 tone 函数播放旋律。如果想使用更多音符，可以到【文件】-【示例】-【02. Digital】-【toneMelody】菜单，查看 pitches.h 文件。在这里可以找到压电扬声器能够弹奏的所有音阶，代码 5-2 的值也引用了这里的 pitches.h 文件。

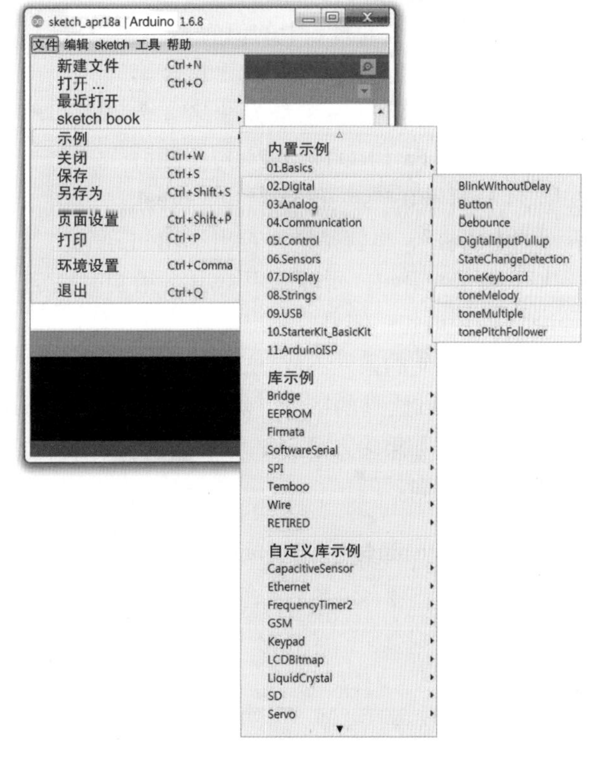

为了实现串口通信，setup 函数中执行了 Serial.begin 指令。随后执行 loop 函数，在第 8 行调用 Serial.available 指令，判断串口有无数据。如果串口接收了数据，则 if 语句的条件为真，执行第 9 行代码。此处使用 Serial.read 指令，从串口读取 1 B 数据，并放入 char 型变量 c。

第 11~40 行执行 switch 语句。switch 语句与 if 语句类似，决定了计算机在何种情况下应做何反应。不同之处是，if 语句根据条件真假执行不同动作，而 switch 语句不使用条件，而是引用值。比如，我们在银行办理业务时会领取一个号码，被叫到号码时，就到指定的窗口办理业务。switch 语句就如同拿着号码一样，去相应的引用值上执行代码。在多数情况下，switch 语句比 if 语句更具优势。

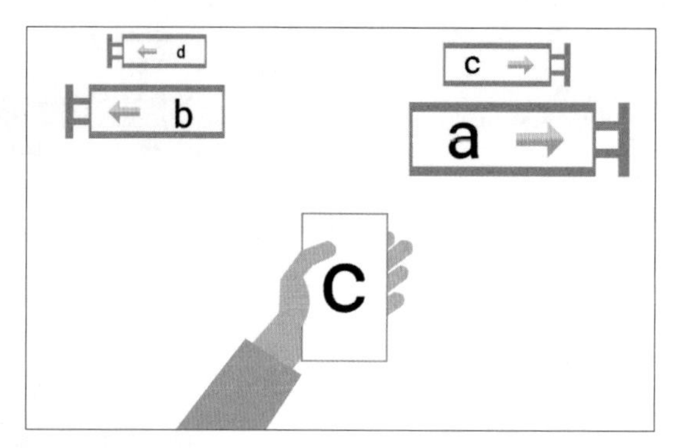

在第11行，switch语句的小括号里有变量c，表示变量c将被用作引用值。第12~39行的case则表示，如果引用值与case旁边的值相同，就要到相同值那里执行代码。假设变量c中的值为f，第32行case的值也是f，所以就要移至第32行。第33行用tone函数发出了4个八度音阶中的Fa（NOTE_F4）声，随后在第34行暂停0.5 s。第35行中，break表示“走出去”，也就是说，走出switch语句。如果第35行没有break，第36行就会继续执行switch语句，所以使用switch语句时一定要写入break。break语句多用于for和while等循环语句，如果要跳出循环，就要使用break。

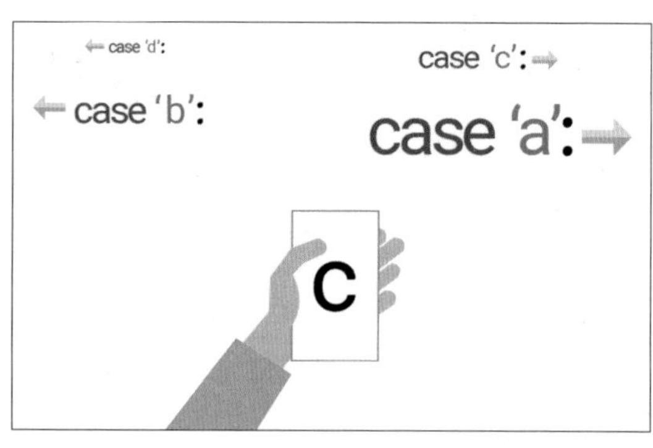

如果if语句的条件不成立，则会执行else的代码。switch语句的default与else相似，如果输入了a~f之外的字母，那么引用值无法与case匹配，就会跳出switch语句。但是代码5-4中，如果输入了a~f之外的字母，则会执行default的代码。default与if语句中的else作用相同。

代码5-4 在switch语句中执行default

```
switch (c) {
  case 'a':
    tone(8, NOTE_A4, 500);
    delay(500);
    break;
  case 'b':
    tone(8, NOTE_B4, 500);
    delay(500);
    break;
  case 'c':
    tone(8, NOTE_C4, 500);
    delay(500);
```

```
    break;
  case 'd':
    tone(8, NOTE_D4, 500);
    delay(500);
    break;
  case 'e':
    tone(8, NOTE_E4, 500);
    delay(500);
    break;
  case 'f':
    tone(8, NOTE_F4, 500);
    delay(500);
    break;
  case 'g':
    tone(8, NOTE_G4, 500);
    delay(500);
    break;
  default:
    Serial.println("default!!");
    break;
}
```

除了字母 f，对于其他字母也是同理。输入 a~f 的任一字母，都会到与其对应的 case 上发出相应音符。上传代码并成功运行后，可以听到 a~f 字母对应的音阶。如下图所示，输入不同字母将演奏一段旋律。

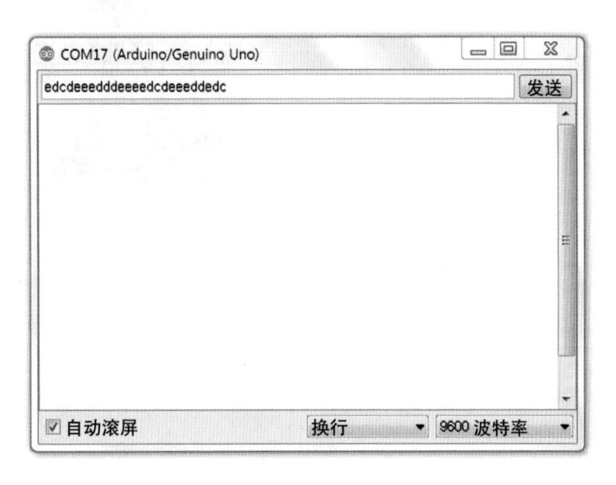

提示 协议是计算机和计算机之间通信时建立的规则。当我们向计算机输入字母 c 时，协议使 Arduino 发出 Do 音符；输入字母 d 时，发出 Re 音符，这也是一种协议。用 switch 语句即可轻松建立协议。此处可稍做调整，比如输入字母 a 时打开 LED，输入字母 b 时关闭 LED。制作 Arduino 项目时，试着建立属于自己的协议吧。

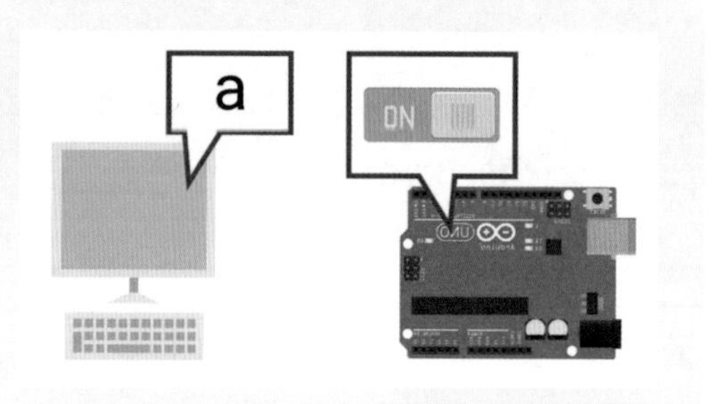

5.2 利用串口通信控制三色 LED

准备物品

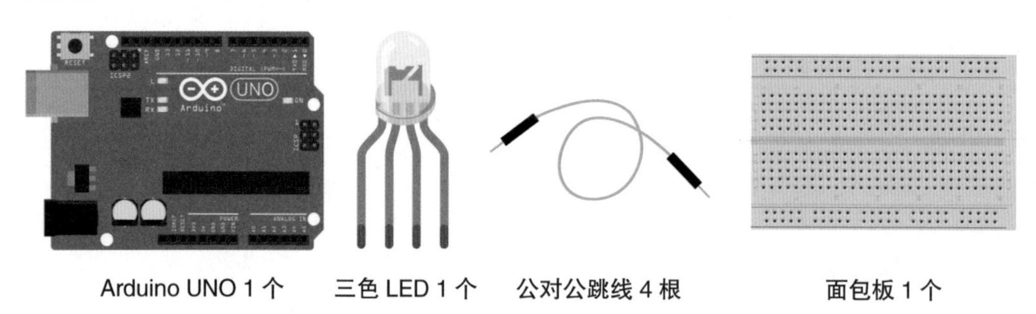

本节从串口读取值，以改变三色 LED 的颜色。向串口监视器输入红、绿、蓝的对应数值，Arduino 就会读取数值并改变三色 LED 的颜色。

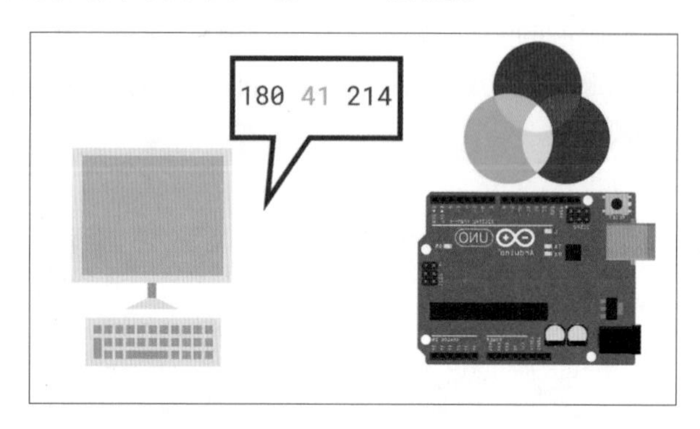

如电路图 5-2 所示，连接 Arduino。

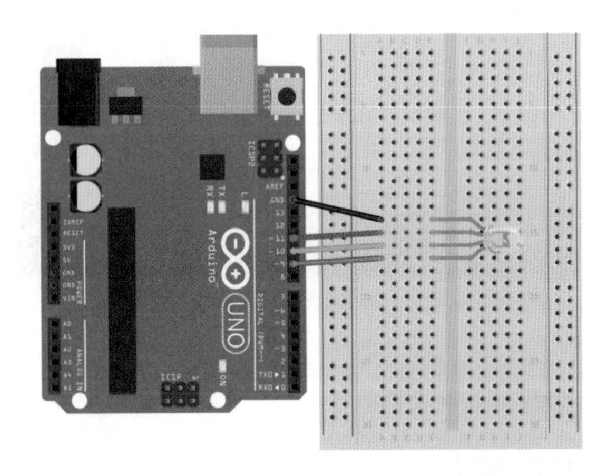

电路图5-2 利用串口通信控制三色 LED

01 将三色 LED 插至面包板。

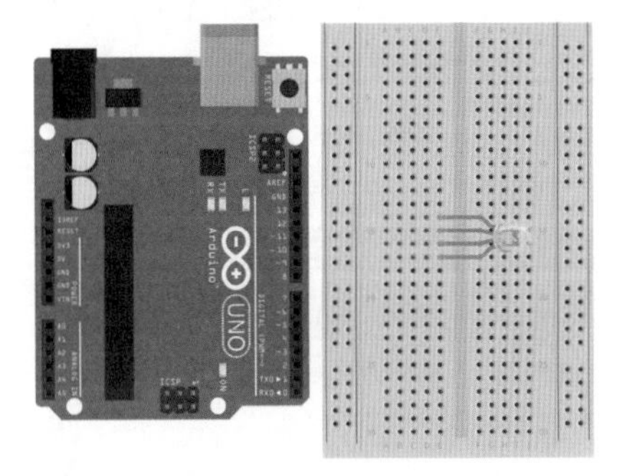

02 将三色 LED 的负极或接地引脚连接至 Arduino 接地引脚。

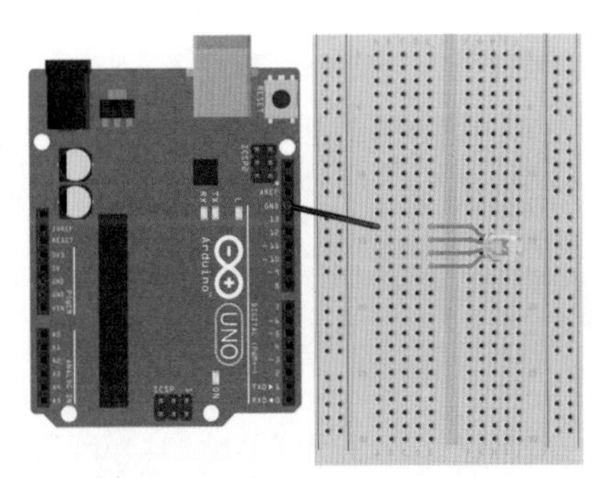

03 将三色 LED 的引脚 R、G、B 分别连接至 Arduino11、10、9 号引脚。

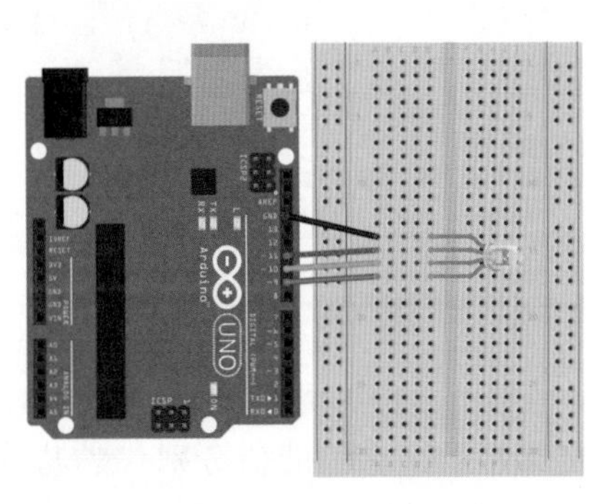

04 成品如图所示！

如代码 5-5 所示，编写 sketch 文档。

代码5-5　利用串口通信控制三色LED

```
1   #define RED 11
2   #define GREEN 10
3   #define BLUE 9
4
5   void setup() {
6     Serial.begin(9600);
7   }
8
9   void loop() {
10    if (Serial.available()) {
11      int r = Serial.parseInt();
12      int g = Serial.parseInt();
13      int b = Serial.parseInt();
14
15      if (Serial.read() == '₩n') {
16        analogWrite(RED, r);
17        analogWrite(GREEN, g);
18        analogWrite(BLUE, b);
19      }
20    }
21  }
```

第 1~3 行声明了 RED、GREEN、BLUE 宏定义常量，它们的值分别代表与三色 LED 的红、绿、蓝引脚相连的 Arduino 引脚。为了实现串口通信，接下来在 setup 函数中执行了 Serial. begin 指令。随后在第 10 行执行 loop 函数，用

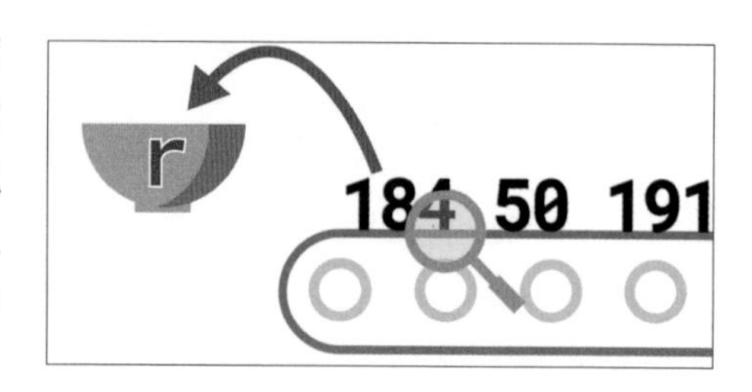

Serial.available 指令判断串口有无数据。如果串口接收数据，则执行第 11~13 行代码。

第 11~13 行的 Serial.parseInt 指令表示，从串口接收到的数据中抽取数字。例如，假设串口监视器向 Arduino 发送了“184 50 191”，那么第 11 行执行 Serial.parseInt 指令时，会逐一检查数据。当查到 184 且 184 后面还有一个空格时，就会将 184 代入变量 r。第 12~13 行也是同理，找到数字 50 后代入变量 g，找到数字 191 后代入变量 b。

函数说明

Serial.parseInt()

返回串口通信接收的数据中包含的数字。检查数据时，如果有非数字的字符或1 s之内无法找到数字，则返回0。

结构

Serial.parseInt()

参数

无

返回值

找到的数值：返回串口通信接收的数据中包含的数字。

示例

```
int r = Serial.parseInt();
//如果用计算机向串口监视器发送数字255，那么数字255将会放入变量r。
```

第 11~13 行中，将数值放入变量 r、g、b 后，第 15 行在 if 语句中执行 Serial.read 指令，以读取 1 B 文字后，判断此文字是否与换行符（\n）相同。串口监视器下方的波特率设置区域左边还有一个设置区域，将此部分设为“换行”，即可在用户输入的值后面加上换行符，并一起发送到 Arduino。在第 15 行查看输入值后有无换行符，如果有，则用变量 r、g、b 的值改变三色 LED 颜色。上传代码并成功运行后，三色 LED 的颜色会随着输入值的不同而改变。读者如果有喜欢的颜色，可以搜索此颜色的 RGB 值，并发送到串口监视器。

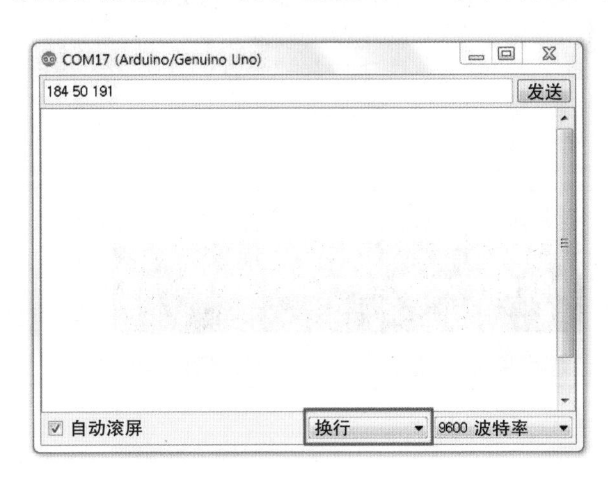

Arduino IDE 1.6.6 版本增添了串口绘图仪功能。这个功能很有趣，大家最好结合说明，亲自操作。首先，在 Arduino UNO 没有连接任何东西的情况下，上传代码 5-6。随后执行【工具】-【串口绘图仪】。

代码5-6 **使用串口绘图仪**

```
void setup() {
  Serial.begin(9600);
}

void loop() {
  for (int i = 0; i < 256; i++) {
    Serial.println(i);
    delay(10);
  }

  for (int i = 255; i > -1; i--) {
    Serial.println(i);
    delay(10);
  }
}
```

运行代码后，可看到下图所示图表。串口绘图仪功能就是用图表形式展现 Arduino 利用 Serial.println 指令发出的数值。想查看传感器值的变化时，可以使用此功能。

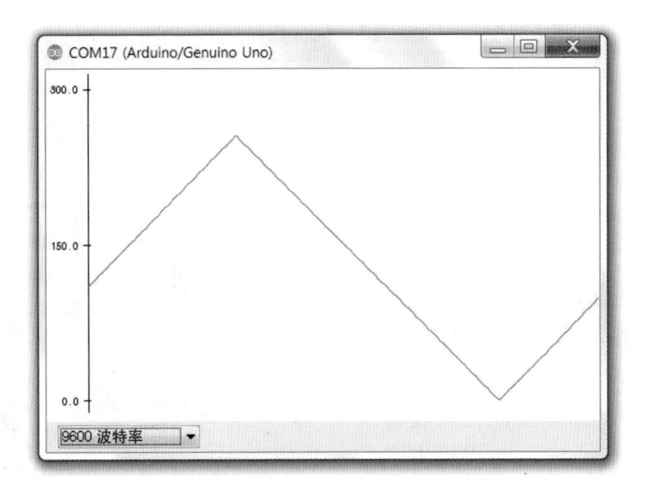

Scratch X：简单又有趣的 Arduino 编程

“入门篇”对 Scratch 进行过简单的介绍。Scratch X 在 Scratch 的基础上，增添了连接硬件的功能。它不但保留了 Scratch 的多样性能，还可以控制 Arduino 和乐高机器人。

用 Scratch X 控制 Arduino 时，不需要上传利用 Scratch 制作的程序，因为 Scratch X 通过串口通信控制 Arduino。比如，当 Scratch X 用串口通信向 Arduino 发出命令时，Arduino 便会根据接收到的命令执行动作。为此，需要将 Firmata 程序上传至 Arduino，以根据定好的协议运行 Arduino。

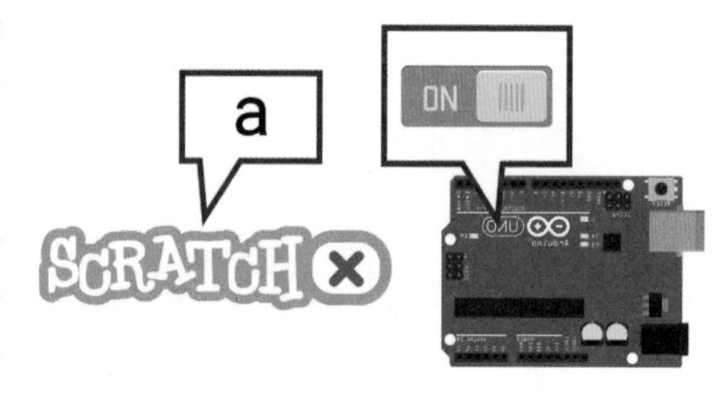

【文件】-【示例】-【Firmata】-【StandardFirmata】菜单是与 Scratch X 进行通信的必要程序。不仅如此，Arduino 与其他计算机通信时，也会经常使用 Firmata 解析 Scratch X 发往串口通信的命令，并根据此命令进行动作。

YouTube 上有我拍摄的 Scratch X 教程。读者可以尝试使用 Scratch X 的简单有趣的功能板块控制 Arduino。

第6章 Arduino 之母：Processing

6.1 Processing 简介

Massimo Banzi 下定决心创造 Arduino，有很大一部分原因是受到了 Processing 的影响。Processing 编程语言由 MIT 媒体实验室的 Casey Reas 和 Ben Fry 开发，面向不了解编程的普通人和设计师。使用 Processing 就像在纸上素描一样，通过编程在计算机上轻松描绘想要的东西。

Processing IDE 的存在使 Processing 简单又便利。IDE（integrated development environment，集成开发环境）整合了编程所需的全部工具。Processing IDE 这种简易性能使得对编程知之甚少的普通人和艺术家也可以轻松编程。从某种角度来说，Arduino 便于操作也是因为借鉴了 Processing 的众多闪光之处。

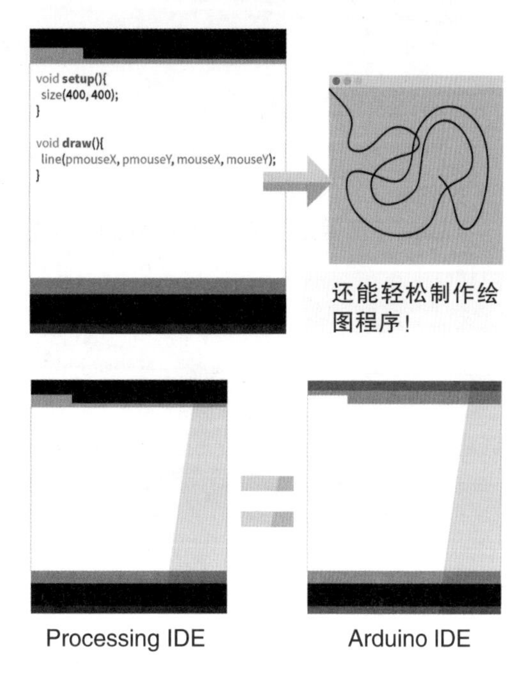

6.2 准备 Processing

在 Processing 下载界面可以下载 Processing IDE。请根据自己的操作系统选择下载相应的安装文件。

3.0.2 (13 February 2016)

Windows 64-bit　　Linux 64-bit　　Mac OS X
Windows 32-bit　　Linux 32-bit
Linux ARMv6hf

■ Windows

Windows 的安装文件是压缩文件，解压后运行 Processing 即可使用。安装时需要注意，Processing 文件夹的路径中不可以包含中文。因为虽然包含中文不影响 Processing 的运行，但在之后运行程序时，可能报错。另外，也要注意路径不宜过长。

■ Mac

Mac 的安装文件同样也是压缩文件。解压后可以看到 Processing 图标，将此图标拖曳到应用程序或任意一处使用即可。

■ Linux

Linux 的安装文件为压缩文件（tgz）。下载与操作系统相应的安装文件即可。

代码6-1　**解压Linux安装文件**

```
tar zxvf [安装文件名]
```

运行终端机，解压压缩文件。输入代码 6-1，生成 Processing 文件夹，在此文件夹中运行 processing 文件即可。

安装后正常运行时，可以看到右图所示窗口。

6.3 了解 Processing

Processing IDE 的基本结构如代码 6-2 所示。和 Arduino IDE 相同，Processing IDE 的文件单位也称作 sketch。其实是 Arduino IDE 参照了 Processing IDE，所以默认文件名前面都会有 sketch_。

代码6-2 Processing IDE的基本结构

```
void setup() {

}

void draw() {

}
```

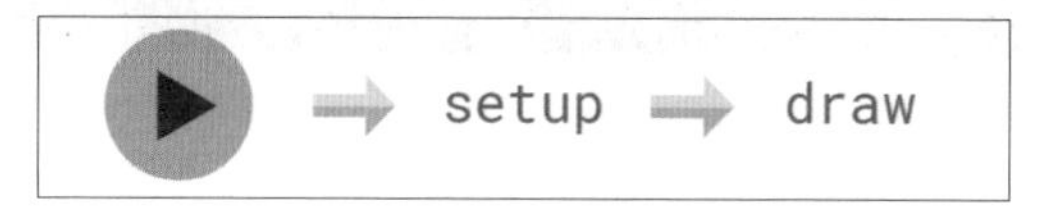

代码 6-2 中有 setup 和 draw 函数，这两个函数是 Processing 项目的核心结构。运行 Processing 项目时，首先会执行一次 setup 函数。setup 意为“安装、设置”，顾名思义，这个函数中主要是与初始设置相关的代码。执行 setup 函数后，循环执行 draw 函数。draw 意为“画”，运行 Processing 项目时，屏幕会出现一个窗口，draw 函数的任务就是在此窗口进行标记。例如，用 draw 函数可以设置“移动鼠标时画出移动轨迹”或“移动鼠标时改变背景颜色”。

Processing IDE 如右图所示，顶部工具栏有功能按钮。

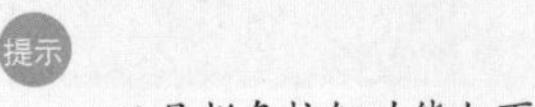

Processing IDE 工具栏

工具栏各按钮功能如下。

❶ 运行 Processing 程序。可从弹出的窗口看到 Processing 程序的运行过程。

❷ 停止运行 Processing 程序。

❸ 调试模式，以找出 bug。利用此模式可以找出程序中的问题点，并可以看到变量的转换。

❹ Processing 默认使用 Java 语言，此按钮负责语言转换，如 Python 或 Javascript。模式中包括 Android 模式。

工具栏下面是标签列表。此处可以扩充初始标签，用更多文件编写代码。白色区域为文本编辑区，在此可以完成代码编写工作。

文本编辑区下方的长条部分是消息区域。编写或执行代码时，此处会显示与其相关的简单信息。出现错误时，会如下图所示报错。

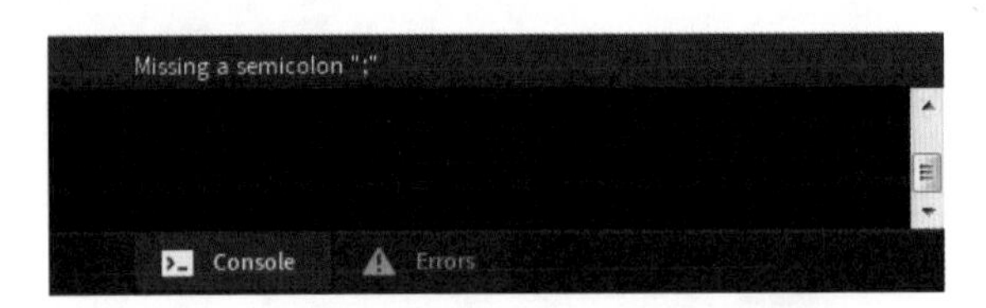

消息区域下面是控制台和报错区域。与 Arduino IDE 利用串口监视器显示 Arduino 发送的值一样，控制台就是显示项目值的地方。和 Arduino 类似，利用 print 和 println 指令可以在控制台显示文字或值。

出现错误时如下图所示，在报错区域显示详细的错误信息。

6.4 开始 Processing

在屏幕上绘制图案时，首先要打开 Processing 并点击运行按钮。这样会弹出如右图所示的窗口，运行我们编写的 Processing 程序。完成绘图代码后，窗口上即可生成图案。

6.4.1 调整窗口大小

代码6-3 调整窗口大小

```
1  void setup() {
2    size(400, 400);
3  }
```

最开始弹出的窗口宽度为 100 px、高为 100 px。为了方便绘制图案，可以如代码 6-3 第 2 行所示，用 size 指令调整窗口大小。这行代码表示，将窗口大小调整为宽 400 px、高 400 px。

函数说明

size()

设置Processing窗口大小。只能在setup函数中使用。使用时，参数不可以为变量，并且要及时输入值。

结构

size(宽, 高)

参数

宽：设想的窗口宽度。

高：设想的窗口高度。

返回值

无

示例

size(600, 400);

//设置窗口宽600 px，高400 px。

提示 在 Arduino 中，即使不使用 setup 函数和 loop 函数，也必须将其写入代码，但 Processing 则没有这个硬性要求。如代码 6-3 所示，不需要使用 draw 函数时，就不必写入。

执行代码 6-3 后，如右图所示，弹出宽 400 px、高 400 px 的窗口。

6.4.2 改变背景颜色

代码6-4 **改变背景颜色：黑白**

```
1  void setup() {
2    size(400, 400);
3    background(0);
4  }
```

如代码 6-4 第 3 行所示，用 background 指令可以改变窗口的背景颜色。这行代码表示将背景颜色调为纯黑色。

函数说明

background()
设置Processing窗口背景颜色。

结构
background(黑白)

参数
黑白：0~255，趋向于0时颜色渐渐变黑，趋向于255时颜色渐渐变白。

返回值
无

示例
background(125);
//将窗口背景颜色设置为灰色。

执行代码 6-4 后，出现右图所示黑色背景窗口。

代码6-5 **改变背景颜色：彩色**

```
1  void setup() {
2    size(400, 400);
3    background(255, 0, 246);
4  }
```

将窗口的背景颜色改为彩色时，也需要使用 background 指令。但是输入参数值的方式有所不同。如代码 6-5 第 3 行所示，输入红、绿、蓝的 3 个对应参数值，窗口的背景颜色便会发生变化。

函数说明

background()
设置Processing窗口背景颜色。

结构
background(红, 绿, 蓝)

参数
红：0~255，趋向于255时逐渐变红。
绿：0~255，趋向于255时逐渐变绿。
蓝：0~255，趋向于255时逐渐变蓝。

返回值
无

示例
background(255, 0, 0);
//将窗口背景颜色设置为红色。

执行代码 6-5 后，出现右图所示彩色背景窗口。

6.4.3 绘制点

代码6-6 **绘制点**

```
1  void setup() {
2    size(400, 400);
3    background(255);
4    point(200, 200);
5  }
```

代码 6-6 的第 3 行将窗口背景颜色设为白色，第 4 行用 point 指令绘制点。这行代码表示在“x 坐标 200，y 坐标 200”处绘制一个点。

函数说明

point()
绘制点的函数。

结构
point(x, y)

参数
x：点的x坐标。
y：点的y坐标。

返回值
无

示例
point(50, 100);
//在“x坐标50，y坐标100”处绘制一个点。

在 Processing 中，坐标的基本点位于执行窗口的左上角，处于窗口最左处时，x 的值为 0，向右递增；处于窗口最上方时，y 值为 0，向下递增。

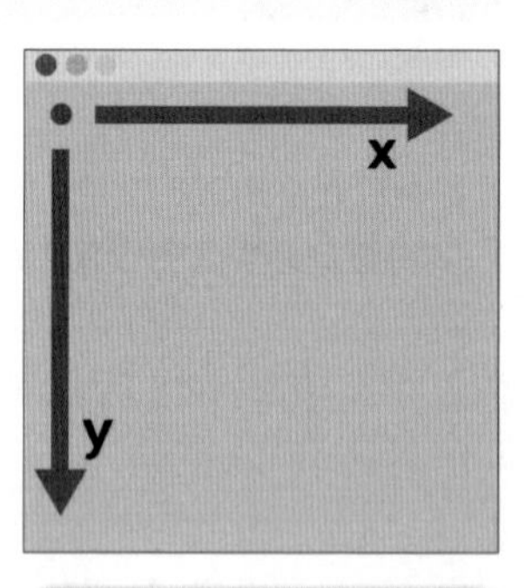

执行代码 6-6 后，如图所示，在窗口最中间处绘制一个点。

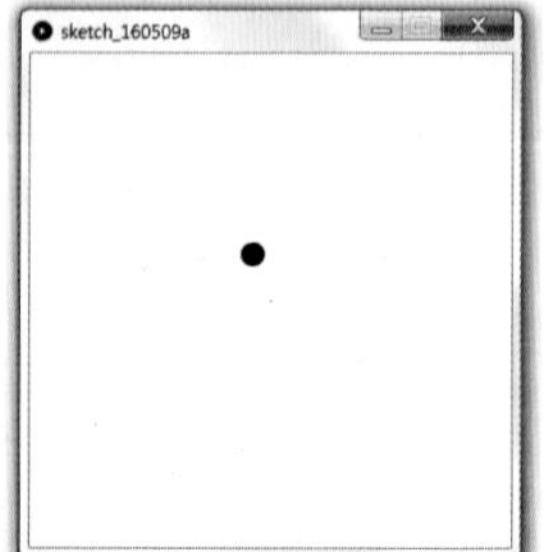

6.4.4 调整点的大小和线的粗细

代码6-7 **调整点和线的粗细**

```
1  void setup() {
2    size(400, 400);
3    background(255);
4    strokeWeight(30);
5    point(200, 200);
6  }
```

虽然通过代码 6-6 可以绘制点，但是这个点太小，我们看不清。代码 6-7 第 4 行的 strokeWeight 指令能够调整点的大小，不仅如此，绘制图形时还可以调整线的粗细。这行代码表示将点的大小和线的粗细设置为 30 px。

函数说明

strokeWeight()
设置点的大小和线的粗细。

结构
strokeWeight(大小/粗细)

参数
大小/粗细：设想的点的大小和线的粗细。

返回值
无

示例
strokeWeight(50);
//将点的大小和线的粗细设为50 px。

执行代码 6-7 后，如图所示，窗口中间的点变大。

6.4.5 改变点和线的颜色

代码6-8 **改变点和线的颜色：黑白**

```
1  void setup() {
2    size(400, 400);
3    background(255);
4    strokeWeight(30);
5    stroke(125);
6    point(200, 200);
7  }
```

代码 6-8 第 5 行的 stroke 指令负责改变点和线的颜色，在使用方法上与 background 指令类似。这行代码表示将点和线的颜色设为灰色。

函数说明

stroke()
设置点和线的颜色。

结构
stroke(黑白, [透明度])

参数
黑白：0~255，趋向于0时，颜色渐渐变黑；趋向于255时，颜色渐渐变白。
[透明度]：0~255，趋向于0时，渐渐透明；趋向于255时，渐渐模糊。如不想设置透明度，可以不输入数值。

返回值
无

示例
stroke(0);
//将点和线的颜色设为黑色。
stroke(255, 125);
//将点和线的颜色设为白色，透明度设为50%。

执行代码 6-8 后，出现如图所示灰点。如果要在改变颜色的同时调整其透明度，可在第二个参数内输入数值。

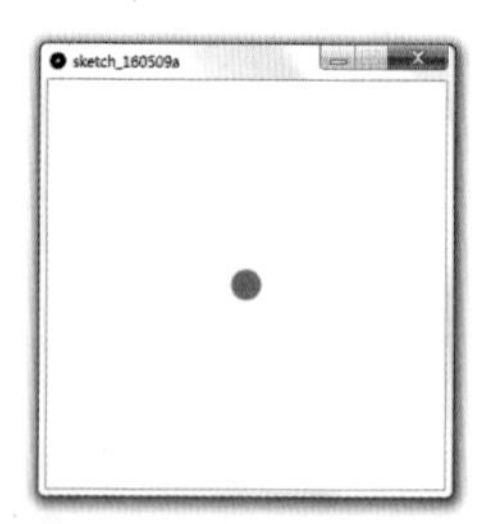

代码6-9　**改变点和线的颜色：彩色**

```
1  void setup() {
2    size(400, 400);
3    background(255);
4    strokeWeight(30);
5    stroke(0, 186, 255);
6    point(200, 200);
7  }
```

将图形颜色改为彩色也需要运用 stroke 指令，不过输入参数的方式依然有所不同。如代码 6-9 第 5 行所示，输入红、绿、蓝的 3 个对应参数值，点和线便会变为彩色。同理，如果想同时调整透明度，那么输入参数时在红、绿、蓝之后输入设想的透明度数值即可。

函数说明

stroke()
设置点和线的颜色。

结构
stroke(红, 绿, 蓝, 透明度)

参数
红：0~255，趋向于255时逐渐变红。
绿：0~255，趋向于255时逐渐变绿。
蓝：0~255，趋向于255时逐渐变蓝。
透明度：0~255，趋向于0时，渐渐透明；趋向于255时，渐渐模糊。如不想设置透明度，可以不输入数值。

返回值
无

示例
stroke(0, 0, 255);
//将点和线的颜色设为蓝色。
stroke(0, 255, 0, 125);
//将点和线的颜色设为绿色，透明度设为50%。

执行代码 6-9，出现如图所示彩色点。

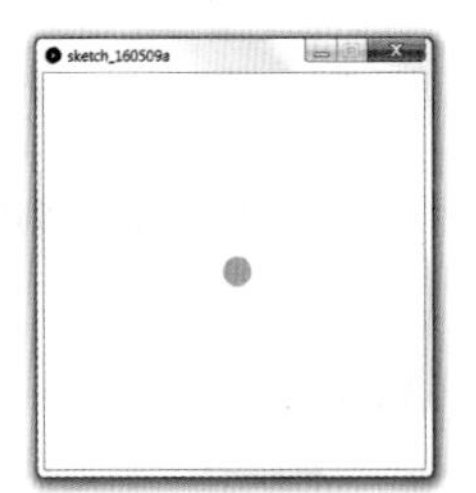

6.4.6 绘制线条

代码6-10 **绘制线条**

```
1  void setup() {
2    size(400, 400);
3    background(255);
4    line(50, 100, 350, 300);
5  }
```

如代码 6-10 第 4 行所示，绘制线条需要运用 line 指令。这行代码表示用线连接“x = 50，y = 100”的点与“x = 350，y = 300”的点。

函数说明

line()
绘制线条。

结构
line(x1, y1, x2, y2)

参数
x1：线条第一个基准点的x坐标。
y1：线条第一个基准点的y坐标。
x2：线条第二个基准点的x坐标。
y2：线条第二个基准点的y坐标。

返回值
无

示例
stroke(0, 0, 255);
line(30, 150, 90, 250);
//用线连接“x = 30，y = 150”的点与“x = 90，y = 250”的点。

执行代码 6-10，如图所示绘制线条。

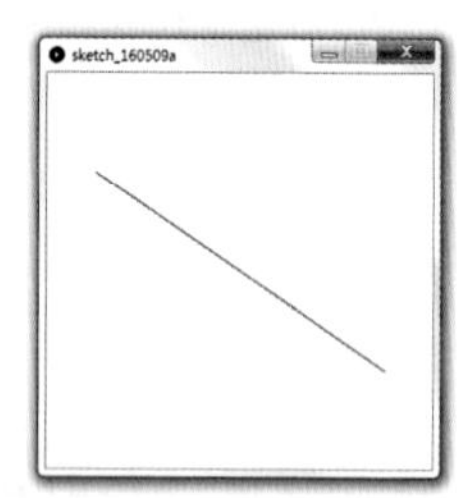

6.4.7 绘制椭圆

代码6-11 绘制椭圆

```
1  void setup() {
2    size(400, 400);
3    background(255);
4    ellipse(200, 300, 220, 100);
5  }
```

如代码 6-11 第 4 行所示，绘制椭圆需要运用 ellipse 指令。这行代码表示绘制一个“x = 200，y = 300，长轴 220，短轴 100”的椭圆。

函数说明

ellipse()
绘制椭圆。

结构
ellipse(x, y, 长轴, 短轴)

参数
x：设想的椭圆中心的x坐标。
y：设想的椭圆中心的y坐标。
长轴：设想的椭圆长轴长度。
短轴：设想的椭圆短轴长度。

返回值
无

示例
ellipse(30, 150, 90, 250);
//以“x = 30，y = 150”为中心，绘制一个短轴为90，长轴为250的椭圆。

执行代码 6-11，如图所示绘制椭圆。

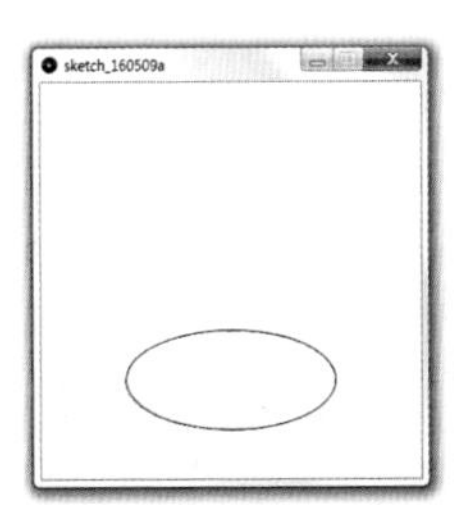

6.4.8 绘制矩形

代码6-12 **绘制矩形**

```
1  void setup() {
2    size(400, 400);
3    background(255);
4    rect(200, 200, 50, 100);
5  }
```

如代码 6-12 第 4 行所示，绘制矩形需要运用 rect 指令。这行代码表示绘制一个“x= 200，y = 200，宽 50，高 100”的矩形。在使用方法上，rect 指令与绘制圆的 ellipse 类似，但不同之处在于 x 和 y 值的含义。ellipse 指令中的 x 和 y 值表示圆心坐标，而 rect 指令中的 x 和 y 值则代表矩形左上点的坐标值。

函数说明

rect()
绘制矩形。

结构
rect(x, y, 宽, 高)

参数
x：设想的矩形左上点的x坐标。
y：设想的矩形左上点的y坐标。
宽：设想矩形的宽。
高：设想矩形的高。

返回值
无

示例
rect(30, 150, 90, 250);
//绘制一个“x = 30，y = 150，宽90，高250”的矩形。

执行代码 6-12 后，如图所示绘制矩形。

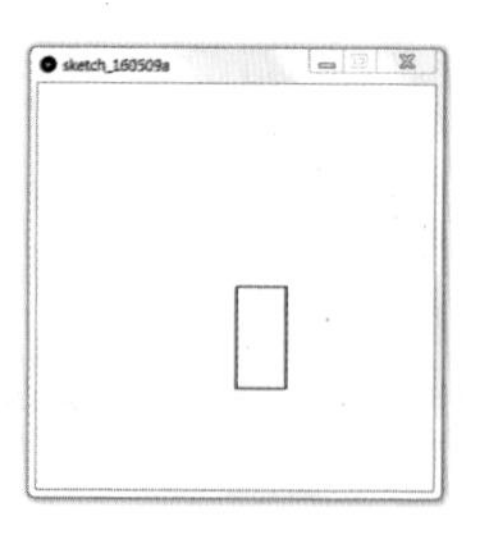

6.4.9 改变图形表面颜色

代码6-13 **改变图形表面颜色：黑白**

```
1  void setup() {
2    size(400, 400);
3    background(255);
4    fill(0);
5    ellipse(200, 200, 250, 250);
6  }
```

如代码 6-13 第 4 行所示，改变图形表面颜色需要运用 fill 指令。这行代码表示将图形表面颜色设为黑色。在使用方法上，fill 指令与 stroke 指令类似。

函数说明

fill()

设置图形表面颜色。

结构

fill(黑白, 透明度)

参数

黑白：0~255，趋向于0时，颜色渐渐变黑；趋向于255时，颜色渐渐变白。

透明度：0~255，趋向于0时，渐渐透明；趋向于255，渐渐模糊。如不想设置透明度，可以不输入数值。

返回值

无

示例

fill(0);

//将图形表面颜色设为黑色。

fill(255, 125);

//将图形表面颜色设为白色，透明度设为50%。

执行代码 6-13 后，如图所示，图形表面颜色变黑。如果想在改变颜色的同时调整透明度，则向第二个参数输入数值即可。

代码6-14　改变图形表面颜色：彩色

```
1  void setup() {
2    size(400, 400);
3    background(255);
4    fill(255, 180, 0);
5    ellipse(200, 200, 250, 250);
6  }
```

将图形表面颜色改为彩色同样也要使用 fill 指令，而输入参数的方式依然略有不同。如代码 6-14 第 4 行所示，输入红、绿、蓝的 3 个对应参数值，图形表面的颜色就会发生改变。同理，如果想同时调整透明度，输入参数时在红、绿、蓝之后输入设想的透明度数值即可。

函数说明

fill()
设置图形表面颜色。

结构
fill(红, 绿, 蓝, 透明度)

参数
红：0~255，趋向于255时逐渐变红。
绿：0~255，趋向于255时逐渐变绿。
蓝：0~255，趋向于255时逐渐变蓝。
透明度：0~255，趋向于0时，渐渐透明；趋向于255时，渐渐模糊。如不想设置透明度，可以不输入数值。

返回值
无

示例
fill(0, 0, 255);
//将图形表面颜色设为蓝色。
stroke(0, 255, 0, 125);
//将图形表面颜色设为绿色，透明度设为50%。

执行代码 6-14 后，如图所示，图形表面变为彩色。

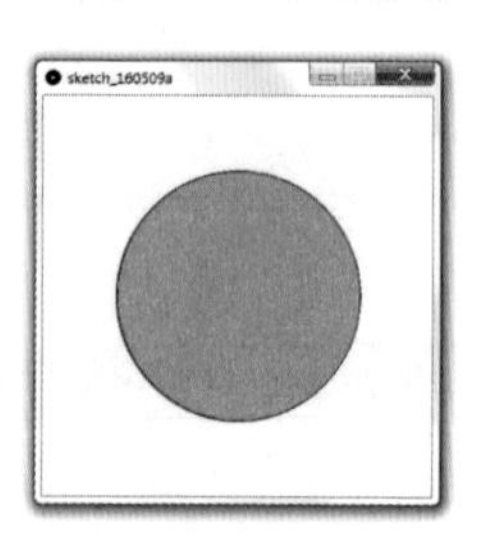

6.4.10 消除图形表面和线

代码6-15 **消除图形表面和线**

```
1  void setup() {
2    size(400, 400);
3    background(0, 0, 255);
4    strokeWeight(10);
5    stroke(0, 255, 0);
6    fill(255, 255, 0);
7    ellipse(0, 0, 300, 300);
8
9    noFill();
```

```
10      ellipse(400, 0, 300, 300);
11
12      fill(125);
13      noStroke();
14      ellipse(400, 400, 300, 300);
15  }
```

消除图形表面需要运用代码 6-15 第 9 行的 noFill 指令，消除线则需要运用第 13 行的 noStroke 指令。

函数说明

noFill()

消除图形表面。可以显示图形的背景颜色。

结构

noFill()

参数

无

返回值

无

示例

noFill();

//消除图形表面。

函数说明

noStroke()

消除点和线。可以显示点和线的背景颜色。

结构

noStroke()

参数

无

返回值

无

示例

```
noStroke();
//消除点和线。
```

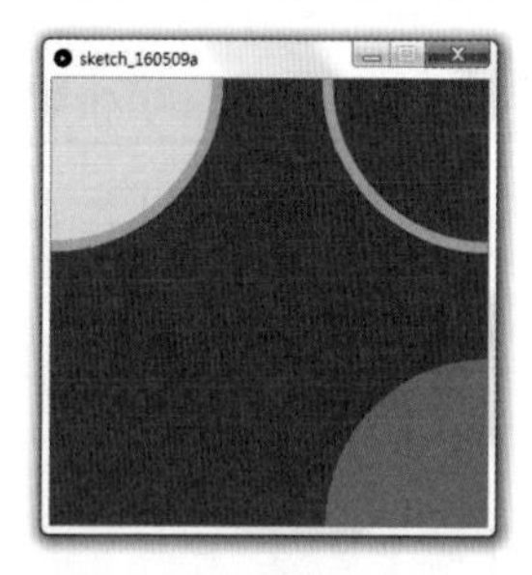

如图所示，执行代码 6–15 即可消除图形的表面或线。代码 6–15 的第 2 行将窗口背景颜色设为蓝色，随后为了区分图形的线和表面，在第 4 行将线的粗细设为 10 px，在第 5 行将线的颜色设为绿色，在第 6 行将表面设为黄色。设置完毕后，在第 7 行画出“x = 0，y = 0，宽 300 px，高 300 px”的第一个圆，其表面和线都处于正常状态。为了消除圆表面的颜色，在第 9 行执行 noFill 指令，随后在右上角画出“x = 400，y = 0，宽 300 px，高 300 px”的第二个圆。由于消除了第二个圆的表面，所以只能看到窗口的蓝色背景。

最后，为了消除线，在第 12 行将图形表面的颜色设为灰色，并执行 noStroke 指令消除线的颜色。随后在右下角画出“x = 400，y = 400，宽 300 px，高 300 px”的第三个圆，此时只能看到圆的灰色表面。

提示 本书的主要内容是 Arduino，所以对 Processing 只做必要说明。如果想进一步了解 Processing，可以参考《爱上 Processing（修订版）》和《代码本色：用编程模拟自然系统》。

用 Processing 制作的美丽作品

Processing 是为普通人或艺术家设计的编程工具，在其主页可以看到很多相关艺术作品。韩国淑明女子大学视觉影像设计系的李知善教授特别擅长 Processing，在这位教授的主页上可以看到相关作品。

1. 四君子

“四君子”是利用梅、兰、菊、竹表现四季变化的作品。下面 4 幅图中的书本内置了传感器，人翻开书页的同时可以感受季节的变化。

2. 茶道

“茶道”通过品茶的方式将人与自然连在一起。茶杯上安装了传感器，人在倒茶的过程中可以感受季节的变化。

第7章

制作超声波雷达

7.1 组装超声波雷达

准备物品

Arduino UNO 1 个

超声波雷达的眼睛和伺服电机支架（用 3D 打印机打印）

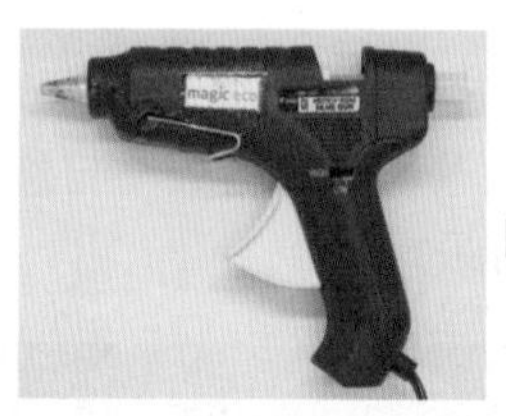

胶枪 1 把

9 g 伺服电机 1 个

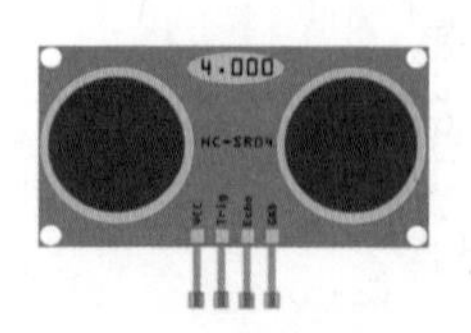

超声波传感器 1 个

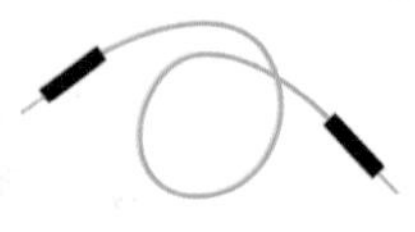

公对公跳线 5 根

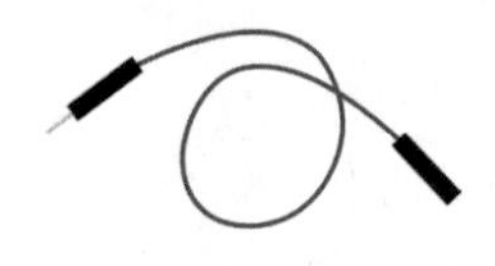

公对母跳线 4 根

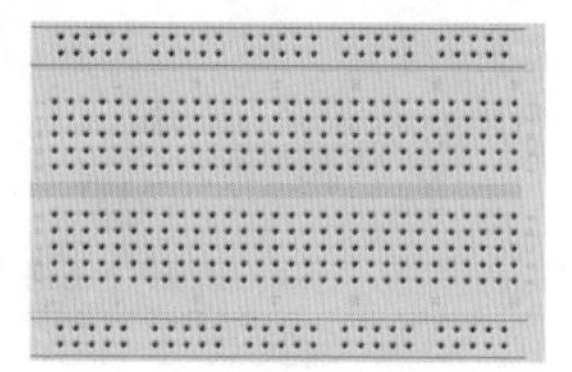

面包板 1 个

本节利用 Arduino 和 Processing 制作超声波雷达。首先将超声波雷达和伺服电机连接至 Arduino，使其可以左右活动以读取周围的距离值。随后用 Processing 接收距离值，并画出右图所示超声波雷达。

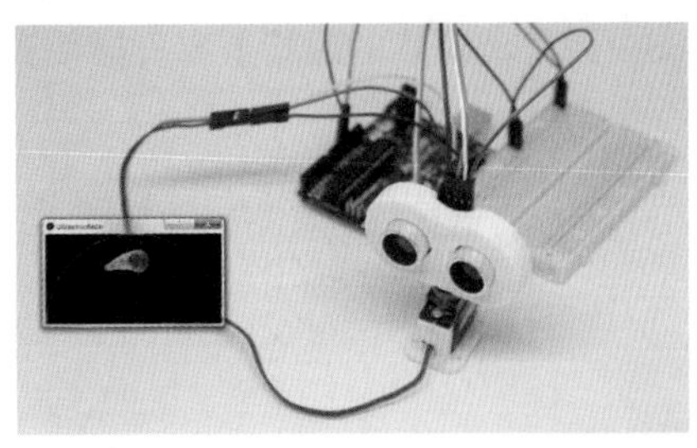

接下来用 3D 打印机准备躯干部分。Thingiverse 上有超声波雷达的 3D 模型文件，请下载 STL 文件，并用 3D 打印机制作。

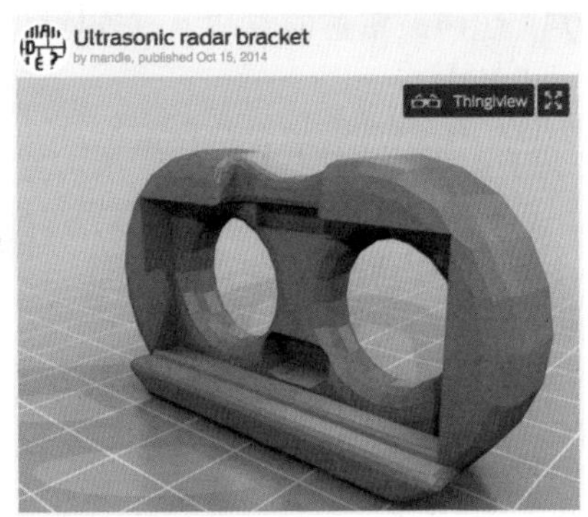

准备好所有物品后，下面逐步组装。

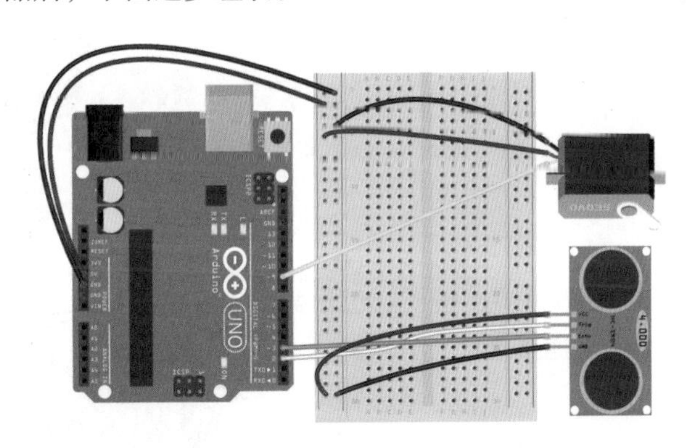

电路图7-1　**制作超声波雷达**

01　将伺服电机安插至 3D 打印机打印的支架上。

02　将螺丝拧进支架的螺口。

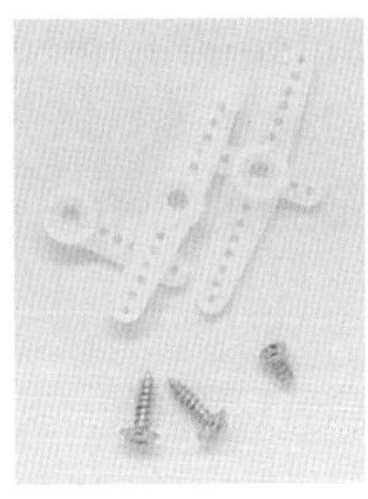

03 超声波雷达的眼睛上有安插舵臂的槽。打些胶水，将舵臂放入槽中。

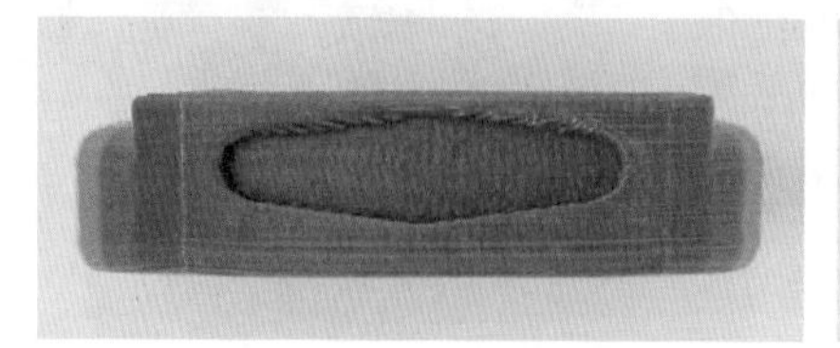
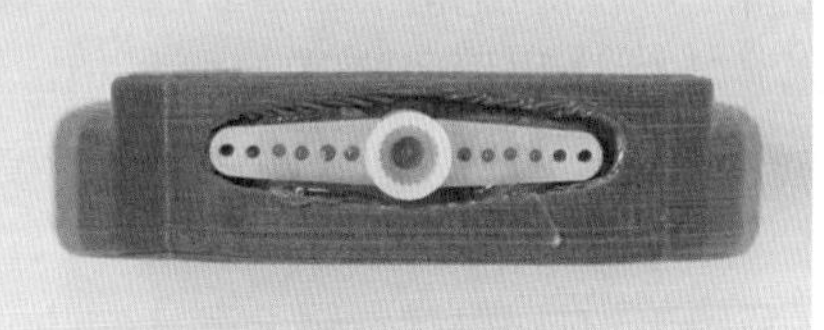

04 超声波雷达的眼睛上有安插超声波传感器的槽。将超声波传感器凸出的一面安插在槽中。

05 将超声波雷达的眼睛安插至伺服电机。

06 将 Arduino UNO 的接地引脚连接至面包板蓝色长竖列，将电源引脚连接至红色长竖列。

07 将伺服电机黑色或褐色线与插有接地引脚的竖列相连，将红色线与插有电源引脚的竖列相连，将黄色或橘黄色线连接至 Arduino UNO 的 9 号引脚。

08 将超声波传感器 VCC 连接至 Arduino 板的电源引脚，将 Trig 连接至 2 号引脚，将 Echo 连接至 3 号引脚。最后将超声波传感器的 GND 与连有接地引脚的竖列相连。

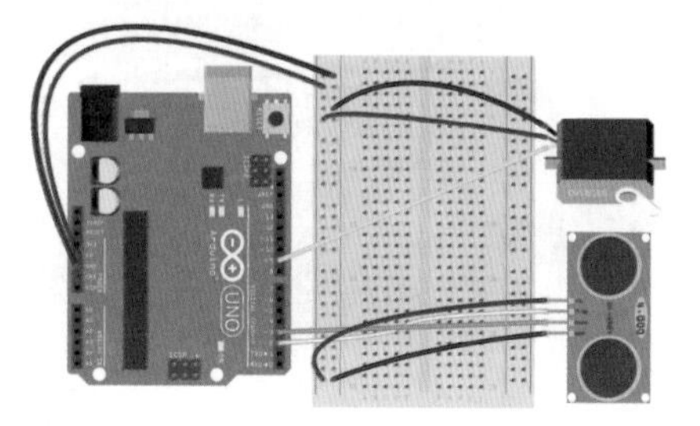

09 成品如图所示！

7.2 编写 Arduino sketch 文档

代码7-1 **制作超声波雷达：Arduino**

```
1   #include <Servo.h>
2
3   Servo servo;
4   int servoDirection = 1, degree = 0;
5
6   void setup() {
7     Serial.begin(9600);
8     pinMode(2, OUTPUT);
9     pinMode(3, INPUT);
10    servo.attach(9);
11  }
12
13  void loop() {
14    digitalWrite(2, HIGH);
15    delayMicroseconds(5);
16    digitalWrite(2, LOW);
17
18    long distance = pulseIn(3, HIGH, 5800) / 58;
19
20    Serial.print("r");
21    Serial.print(degree);
22    Serial.print("d");
23    Serial.println(distance);
24
25    degree += servoDirection;
26    if (degree > 180) {
27      degree = 179;
```

```
28          servoDirection = -1;
29        } else if (degree < 0) {
30          degree = 1;
31          servoDirection = 1;
32        }
33        servo.write(degree);
34        delay(15);
35      }
```

如代码 7-1 所示，编写 sketch 文档。第 3~4 行声明了 Servo 库变量、保存伺服电机转动方向的 servoDirection 变量，以及保存伺服电机角度的 degree 变量。然后执行 setup 函数，第 7 行设置串口通信，第 8~9 行为了使用超声波传感器，将连接在 Trig 上的超声波传感器 2 号引脚设为输出模式，将连接在 Echo 上的 3 号引脚设为输入模式。第 10 行将连接在伺服电机上的 9 号引脚设置为控制伺服电机。

接下来执行 loop 函数。第 14~18 行用超声波传感器测量距离，第 14 行将超声波传感器的 Trig 设置为 HIGH，打开传感器；第 15 行等待 5 μs，第 16 行将 Trig 设置为 LOW 后关闭。第 18 行用 pulseIn 测量距离，但此处的参数个数在使用方法上与以往有所不同。

函数说明

pulseIn()

测量相关的数字输入引脚电压变为LOW或HIGH时所用的时长。必须利用pinMode函数将要使用pulseIn函数的引脚设置为输入模式。

结构

pulseIn(引脚号码, 电压, [等待时长])

参数

引脚号码：要测量电压转换时长的引脚。

电压：转换的电压。如要测量电压变为HIGH时所用的时长，在电压位置输入HIGH即可。

[等待时长]：等待电压转换所用的时长。若没有设置等待时长，则为默认值1 s（1 000 000 μs）。此处以μs为单位。

返回值

转换时长：以μs为单位返回转换时长。如果电压没有在等待时长期限内进行转换，则返回0。

示例

```
long duration = pulseIn(3, HIGH, 1000);
//测量3号引脚电压变为HIGH时所用的时长，并代入duration变量。
//如果电压没有在1000 μs内转换，则返回0。
```

pulseIn 的第三个参数表示等待时长。其实也可以不输入第三个参数的值，但等待时长就会变为默认值，即 1 s。而超声波传感器测量距离的单位是 μs，换算结果值非常巨大（1 000 000 μs）。普通超声波传感器的超声波返回时长除以 58 就会得出测量距离（cm）。1 000 000 μs 除以 58 就是 17 241 cm，约 172 m。也就是说，1 s 可以测量 172 m。先不说到底有没有必要测量如此长的距离，就普通超声波的测量距离而言，最远只到 4 m，而且只能在 1 m 内用超声波雷达进行标识。1 m 是 100 cm，将它乘以 58 就是 5800 μs。此处并不需要比 5800 μs 还要长的时间，所以将 5800 μs 设为 pulseIn 第三个参数的等待时长。

在“入门篇”中，当 pulseIn 函数返回值的时候，需要确认是否为 0，因为返回 0 就意味着电压转换失败。但在这里，第 18 行没有确认返回值是否为 0，而是直接将 pulseIn 函数的返回值除以 58 计算测量距离（cm）。因为即使返回值是 0，在这之后还是会向 Processing 发送值。如此一来，计算的测量距离（cm）便会代入 distance 变量。

在第 20~23 行，将伺服电机的当前角度和前面计算好的测量距离（cm）结合文字，一起发送至串口。首先在第 20 行输入文字 r，在第 21 行获取伺服电机的当前角度。在第 22 行输入文字 d 后，在第 23 行获取测量距离（cm）的同时换行。如此一来，假设角度为 20，距离为 30，就会向串口发送 r20d30。Processing 日后就是利用此值绘制超声波雷达的。

代码7-2 赋值运算符

```
degree = degree + servoDirection;
```

将所需值发往串口后，使伺服电机运转。第 25 行将保存伺服电机角度的 degree 变量和保存伺服电机方向的 servoDirection 值相加，此处 += 表示赋值运算符，如代码 7-2 所示。不仅如此，减法（-=）、乘法（*=）、除法（/=）也同样适用。servoDirection 中初始值是 1，如果角度为 180°，servoDirection 的值就会变为 -1，degree 就会随之减 1。servoDirection 的值变回 1 时，degree 就会随之加 1。

第 26~32 行查看 degree 变量中的角度，然后改变 degree 和 servoDirection 的值。第 26 行确认 degree 是否比 180 大，如果是，就在第 27 行将 degree 的值变为 179，在第 28 行将 servoDirection 的值变为 -1。随后在第 29 行确认 degree 是否比 0 小，如果是，就在第 30 行将 degree 的值变为 1，然后在第 31 行将 servoDirection 的值变为 1。第 33 行以设置好的 degree 值为基准，变换伺服电机的角度。随后在第 34 行静止 15 ms，等待伺服电机变换。

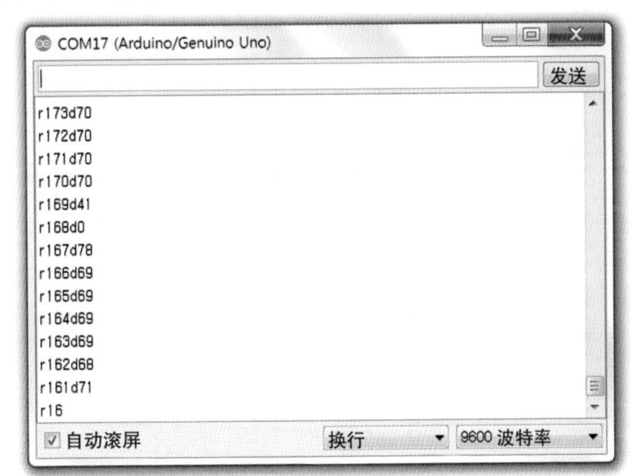

上传代码后，打开串口监视器就可以看到如图所示的值。随着伺服电机的角度发生变化，r 后面的数字也会发生变化。d 后面的数字则根据超声波传感器前的物体发生改变。

7.3 编写 Processing 代码

代码7-3 制作超声波雷达：Processing (part07_01.pde)

```
1   import processing.serial.*;
2
3   Serial myPort;
4   int degree = 0, radius = 200;
5   float cx, cy;
6   ArrayList<Ball> balls = new ArrayList<Ball>();
7
8   void setup()
9   {
10    size(400, 200);
11    cx = width/2;
12    cy = height;
13    noFill();
14    stroke(0, 255, 36);
15    myPort = new Serial(this, "Your Arduino Port", 9600);
16  }
17
18  void draw() {
19    background(0);
20    ellipse(cx, cy, 2 * radius, 2 * radius);
21    float rad = TWO_PI-map(degree, 0, 360, 0, TWO_PI);
22    line(cx, cy, cx + cos(rad)* radius, cy + sin(rad)* radius);
23    updateBalls();
24    displayBalls();
25  }
26
27  void updateBalls() {
28    for (int i = balls.size()-1; i > -1; i--) {
29      balls.get(i).update();
30      if (balls.get(i).isDead())
31        balls.remove(i);
32    }
33  }
34
35  void displayBalls() {
```

```
36      for (int i = 0; i < balls.size() - 1; i++) {
37        balls.get(i).display();
38      }
39    }
40
41    void serialEvent(Serial p) {
42      String inString = p.readStringUntil('\n');
43      if (inString != null) {
44        if (inString.startsWith("r")) {
45          String[] strings = inString.trim().replace("r", "").split("d");
46          if (strings.length > 1) {
47            degree = Integer.parseInt(strings[0]);
48            int distance = Integer.parseInt(strings[1]);
49            if (distance != 0) {
50              balls.add(new Ball(cx, cy, degree, distance));
51            }
52          }
53        }
54      }
55    }
```

代码7-4 制作超声波雷达：Processing（Ball.pde）

```
1     class Ball {
2       int life = 50;
3       float x, y;
4
5       Ball(float cx, float cy, int degree, int distance) {
6         float d = map(distance, 0, 100, 0, radius);
7         float rad = TWO_PI-map(degree, 0, 360, 0, TWO_PI);
8         x = cx + cos(rad)*d;
9         y = cy + sin(rad)*d;
10      }
11
12      void display() {
13        ellipse(x, y, life, life);
14      }
15
16      void update() {
```

```
17        --life;
18        if (life < 0 )
19          life = 0;
20      }
21
22      boolean isDead() {
23        return life == 0;
24      }
25    }
```

下面编写 Processing 代码。Processing 默认使用 Java 语言，本书主题是 Arduino，故不对 Java 进行详细说明。如果想省略 Processing 代码的解说，只需直接运行超声波雷达，并根据如下步骤逐一操作即可。

01 打开 Processing IDE，输入代码 7-3 后保存，在标签栏点击下拉菜单按钮。

02 点击【新建标签】按钮。

03 将文件新标签命名为 Ball。

04 生成 Ball 标签后，向其中输入代码 7–4。

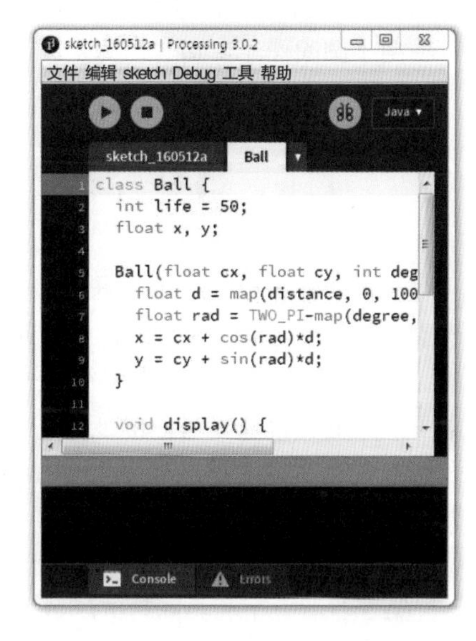

05 在 Arduino IDE【工具】–【端口】菜单可以看到与 PC 相连的 Arduino 串口端口。以我的情况为例，处于 Windows 系统时，端口为 COM17；处于 Mac 系统时，端口为 /dev/cu.usbmodem1411。

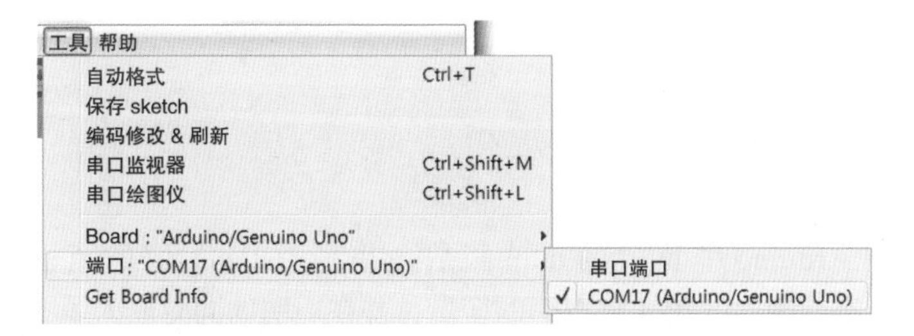

06 如代码 7–5 所示，在代码 7–3 的第 15 行 Your Arduino Port 处输入在上一步骤看到的端口。比如我，查看到 Arduino 串口端口为 COM17 后，写下代码 7–5。因为串口端口因人而异，所以请务必确认后再输入。

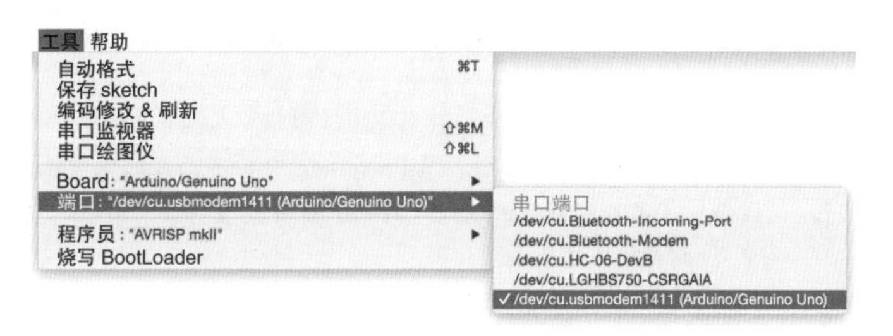

代码7-5 **输入Arduino串口端口**

```
myPort = new Serial(this, "COM17", 9600);
```

07 成品如图所示。超声波雷达左右移动后，会用小圆圈标注识别的物体。

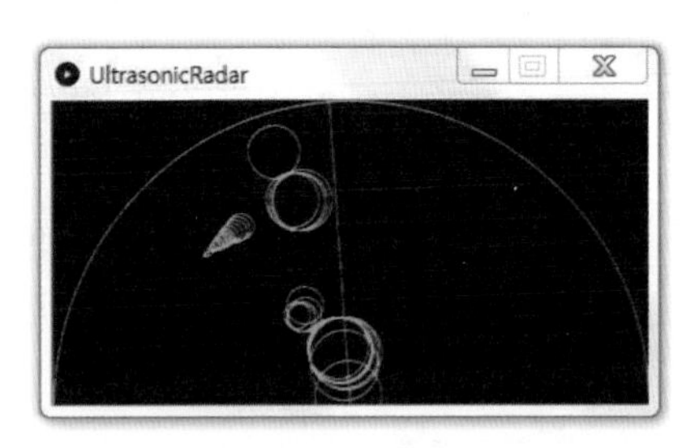

下面分析 Processing 代码。首先，代码 7-4 创建了 Ball 类。读者可以将“类”简单想象为将各个变量和函数组合在一起的礼品套装。

Ball 类使超声波雷达在识别物体时绘制小圆圈，所以其中包含了装有绘制圆圈所需信息（圆圈的方位及大小）的变量、在屏幕上绘制圆圈的函数、改变圆圈大小的函数，以及核查是否有必要继续画圆圈的函数等。也正是由于这些函数，Ball 类可以在 setup 或 draw 函数上轻松绘制圆圈。代码 7-4 中，第 2~3 行定义了 Ball 类的变量。其中第 2 行声明了容纳圆圈大小信息的 life 变量，第 3 行则声明了容纳圆圈位置信息的 x 和 y 变量。

第 5 行有一个和类同名的函数。此类函数为构造函数，对类进行初始化。在 Arduino 中，通常都将 Servo 库初始化后再使用，实际上，这个 Servo 就是类。如代码 7-6 所示进行初始化，Ball 的构造函数可容纳 4 个值，这些值会依次代入 cx、cy、degree、distance 参数。

代码7-6 **初始化Ball类**

```
Ball ball = new Ball(20, 40, 45, 50);
```

第 6 行使用 Arduino 中见过的 map 函数，并将 distance 值的范围从 0~100 改为 0~radius。radius 是代码 7-3 第 4 行声明的变量，并在声明的同时放入了 200 数值。所以，也可以说“将 distance 值的范围改为 0~200”。其实，进入参数的值是用超声波传感器读取的距离值。确认此距离值后，为了在超声波雷达内绘制圆，所以将以 cm 为单位、取值范围为 0~100 的距离值与超声波雷达的半圆的半径长（200）进行匹配后，将范围改为 0~200。最后，转换的值就会放入变量 d。

> 提示 由于 Arduino 借鉴了 Processing 的很多功能，所以二者之间相似之处非常多，比如 map 函数。但是，Arduino 中 map 函数的返回值是整数型，而 Processing 中 map 函数的返回值是实数型，即带有小数点。所以，代码 7-4 第 6 行将返回值代入实数型 float 变量。

第 7 行的代码会将 degree 参数中伺服电机角度值改为可以在超声波雷达内绘制圆的角度。第 7 行的 TWO_PI 是 Processing 预置常量，表示将数学课上学到的 π 值（约 3.14）乘以 2 次后得到的值。将伺服电机角度值的范围从 0~360 改为 0~TWO_PI 后进行计算，然后用 TWO_PI 减去所得值。这样相当于用改变范围的方式改变角度值，并逆序执行，因为伺服电机角度值变换的方向与在 Processing 中绘画时角度值的变换方向是相反的。最后，将计算所得值代入变量 rad。

cx、cy 是代入超声波雷达的半圆圆心坐标 x 值和 y 值的参数。利用此圆心坐标和前面计算所得 rad 变量中的值，可以计算出要在雷达上绘制的圆的坐标值。第 8 行用计算数学中 cos 值的 cos 指令，求圆的 x 值；第 9 行用计算数学中 sin 值的 sin 指令，求圆的 y 值。随后将所求值代入第 3 行声明的 x、y 变量。至此完成 Ball 类的初始化，内部形成上述计算过程。

下面分析 Ball 类的函数。在第 12 行，display 函数绘制圆。第 13 行将在构造函数上求的 x、y 变量中的值设为圆的坐标，并将 life 变量中的值设为圆宽和圆高。接下来，第 16 行的 update 函数会一直将 life 的值减 1，直到为 0。因为只有这样才能在超声波雷达绘制圆时，把圆渐渐变小。第 17 行将 life 值减 1 后，第 18 行确认 life 值是否比 0 小。如果是，就将其设为 0。在第 22 行，isDead 函数确认是否有必要绘制圆。第 23 行返回关于“life 变量的值是否与 0 相同”的真 / 假值。如果值为 0，此函数的返回值为真，否则为假。

以上为超声波雷达绘制圆时所需要的 Ball 类。代码 7-3 运行 Processing 程序。在 Arduino 中，创建库时会在代码开端输入库代码。同理，在 Processing 中，会如代码 7-3 第 1 行所示，创建库前在代码开端输入库代码。第 1 行表示，为了在 Processing 中实现串口通信，添加 Serial 库。此处可手动输入第 1 行代码，也可以选择【sketch】-【内部库】-【Serial】。

第 3 行声明类变量后，第 4 行声明代入伺服电机角度值的 degree 变量，以及代入超声波雷达半圆半径值的 radius 变量。第 5 行声明代入超声波雷达半圆圆心坐标的 cx、cy 变量。

第 6 行出现了名为 ArrayList 的新类。ArrayList 是数组，比常规数组使用更方便。它可以通过函数轻松地为数组添加或删除值，或查看数组大小。代码 7-7 声明了可以容纳 Ball 类的 ArrayList 类变量。读者只要了解 ArrayList 的性质及使用方法即可。

代码7-7 容纳Ball类变量的数组变量

```
ArrayList<Ball> balls = new ArrayList<Ball>();
```

接下来执行 setup 函数。第 10 行将窗口大小设为宽 400 px，高 200 px。第 11~12 行，向变量 cx、cy 代入超声波雷达半圆圆心坐标值。由于此处并不打算绘制图形的面，所以在13行执行noFill指令。在第14行将图形的线设为绿色后，第15行调用Serial类的构造函数，并初始化myPort变量。Serial类的构造函数以参数形式使用3个值，这些值分别是Processing的执行窗口类PApplet、串口通信的端口号、串口通信的速率。由于Processing程序本身就是窗口类，所以输入窗口类参数时，直接输入this即可。之后如代码7-5所示，输入连有Arduino的端口号实现串口通信。第3个参数则与Arduino保持一致，Arduino在串口通信时输入了9600，所以此处也输入9600。这样就做好了与Arduino之间进行串口通信的准备，查看串口通信的serialEvent函数也会循环运行。对于这个函数，我们稍后会详细讲解。

下面执行draw函数。第19行将背景设为黑色后，第20行用cx、cy、radius变量绘制超声波雷达的半圆。第21行以代码7-4第7行的计算过程为准，将伺服电机的角度改为超声波雷达可使用的角度。随后在第22行以代码7-4第8~9行的计算过程为准，计算超声波雷达动线起点坐标值。line指令的第3个和第4个参数值分别表示动线起点坐标值x和y。利用这两个值和cx、cy变量，可以绘制超声波雷达的动线。随后在第23~24行依次调用updateBalls、displayBalls函数。

updateBalls函数会依次调用balls变量的值，以运行Ball类的update函数。第28行如代码7-8所示，查看ArrayList变量值大小。代码7-3第28行表示，从balls变量的最后一个值到第一个值逆序循环。

代码7-8　查看ArrayList变量值大小

```
balls.size()
```

第29行表示利用counter变量i取balls变量的值，以执行update函数。代码7-9则表示取ArrayList的第一个值。由于此处所取的值是Ball类，所以可以如代码7-3第29行所示，直接执行Ball类的update函数。接下来在第30行执行isDead函数，确认是否有必要继续绘制圆。如果没有必要，则执行第31行的代码。

代码7-9　取ArrayList的第一个值

```
balls.get(0)
```

代码7-10表示清除ArrayList的第一个值。所以，第31行表示清除第i（counter函数）位的值。之后，后面的值就会向前移动1位。也就是说，如果像代码7-10一样清除了第一个值，后面的第二个值就会向前移动1位，成为第一个值。因此，在第28行逆序循环。这样，小圆圈会逐渐变小，无用的圆圈也会从Balls变量中清除。

代码7-10　清除ArrayList的第一个值

```
balls.remove(0)
```

displayBalls函数读取Balls变量的值，并在超声波雷达上绘制圆。第36行从头依次执行循环语句，并在第 37 行依次调用 balls 变量中的值，然后调用 Ball 类的 display 函数，在超声波雷达上绘制小圆。

最后执行 serialEvent 函数。初始化 Serial 类后，为了确认是否实现串口通信，每次都会运行该函数。serialEvent 函数与第 3 行声明的 Serial 类变量相同，都以参数形式接收 Serial 类。如代码 7-11 所示，Serial 类还包含一种函数，它从串口接收的值中取值，一直取到有特定文字出现的部分。代码 7-3 第 42 行表示，用 readStringUntil 函数，在串口接收的值中，把值取到有换行符出现的部分，并代入变量 inString。如果取值失败就会显示 null，所以第 43 行确认所取的值是否为 null。

代码7-11 **从串口接收的值中将值取到有特定文字（a）出现的部分**

```
myPort.readStringUntil('a');
```

第 44 行查看 inString 的第一个文字是否为 r。如代码 7-12 所示，String 类可以利用 startsWith 函数，查看第一个文字是否为特定文字。在 Arduino 中，串口通信传输值时，数据形态类似 r20d30，所以可以确认第一个字符为 r。第 45 行虽然只有 1 行代码，但实际上如代码 7-13 所示，执行着多行代码。代码 7-13 第 1 行中，String 类的 trim 函数消除值起始和结尾中的空格和换行符后，重新代入 inString 变量。第 2 行中，String 类的 replace 函数改变特定文字。第 2 行表示，清除 r 后，将改变的值重新代入 inString 变量。第 3 行的 String 类的 split 函数将特定文字用作分隔符，并将值分成 String 数组。第 3 行表示，将文字 d 用作分隔符，把值分为 String 数组后代入 strings 变量。由于第 1 行使用了 trim 函数，所以会消除串口接收的值结尾的换行符。由于第 2 行清除了文字 r，所以值变换的形态如同 20d30。第 3 行用 split 函数将值分隔，变为代码 7-14 中的 String 数组。最终，代码 7-3 第 45 行用 1 行代码表现了代码 7-13。

代码7-12 **查看String的第一个文字是否是特定文字（a）**

```
inString.startsWith("a")
```

代码7-13 **将串口通信接收的值分割为所需形态**

```
1  inString = inString.trim();
2  inString = inString.replace("r", "");
3  String[] strings = inString.split("d");
```

代码7-14 **用split函数分割的值**

```
String[] strings = {"20","30"};
```

第 46 行查看 String 数组是否比 1 大。第 47~48 行表示，将 strings 的第一个和第二个值改为 int 类型，并分别代入 degree、distance 变量。虽然 strings 的值是 String 类，即值中带有数字，但如果与真正的数字放在一起计算就会发生错误，所以要将它的值设为 int 型等整数型数据。此时就要使用代码 7–15 中 Integer 类的 parseInt 函数。parseInt 函数将字符型数据改为 int 型数据。

代码7–15　**将String的值改为int型数据**

```
int distance = Integer.parseInt("20");
```

在第 49 行查看 distance 的值是否为 0。 如果不是，第 50 行就会用 cx、cy、degree、distance 变量将 Ball 类的值添加至 balls 变量。如代码 7–16 所示，ArrayList 的 add 函数负责添加值。在 serialEvent 函数中向 balls 变量代入值后，draw 函数就会在超声波雷达上绘制圆。

代码7–16　**添加ArrayList的值**

```
balls.add(new Ball(20, 40, 45, 50));
```

为超声波雷达添加音效

电影中，超声波雷达的出现总是伴随着“叮～叮～”的声音。我们自己制作的超声波雷达也可以添加这种音效。

❶ 如下图所示，进入 freesound 页面即可找到超声波雷达的音效。注册会员后下载音效，并将下载的文件命名为 sonar.wav。

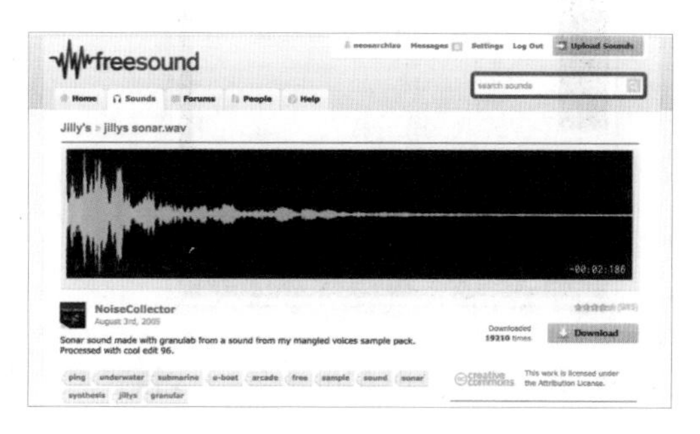

❷ 在超声波雷达的 sketch 文档中创建一个文件，命名为 data。

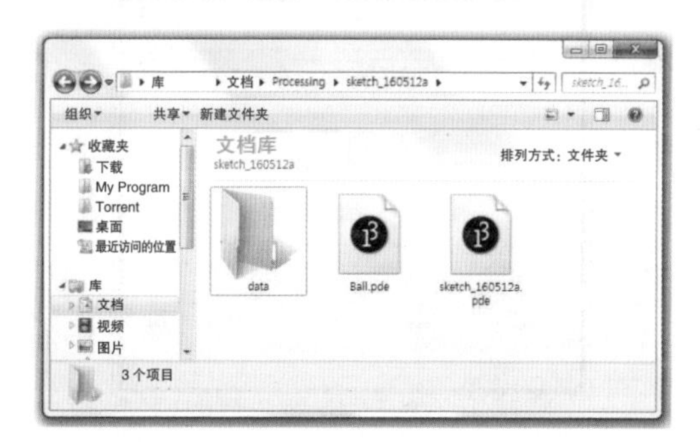

❸ 将下载的 sonar.wav 文件夹复制粘贴至 data 文件夹。

❹ 使用 Minim 库发出音效。如果之前没有使用过这个库，则需要手动设置。选择【sketch】-【内部库】-【添加库】菜单。

❺ 如下图所示，搜索 Minim 就会出现 Minim 库。选择并点击【 install 】按钮。

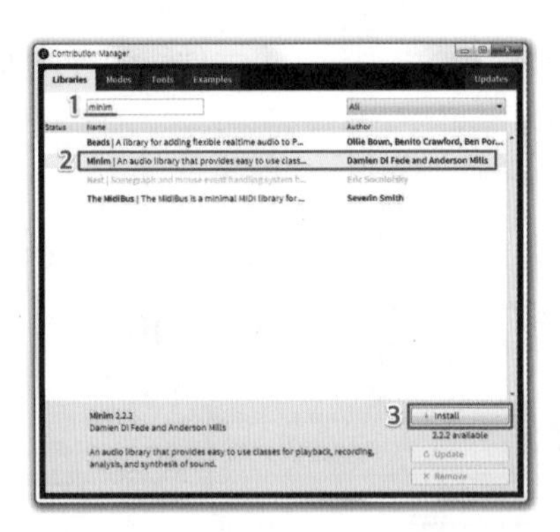

❻ 安装完毕后，选择【 sketch 】-【 内部库 】-【 Minim 】。

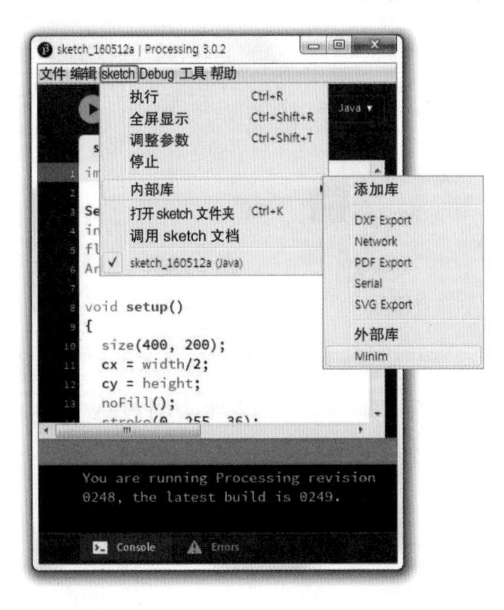

❼ 如下图所示，代码编辑区出现与 Minim 库相关的代码。

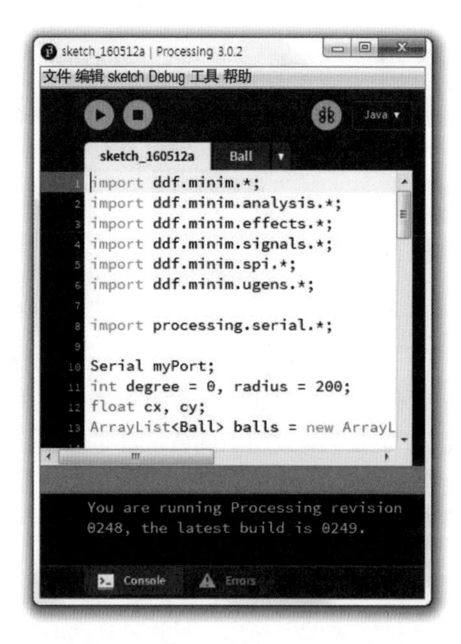

❽ 利用 Minim 库播放音效，需要用到 Minim 和 AudioPlayer 类变量。代码 7–3 的 setup 函数上方，如代码 7–17 所示，声明 Minim 和 AudioPlayer 类变量。

代码7–17　声明Minim类变量

```
ArrayList<Ball> balls = new ArrayList<Ball>();

Minim minim;
AudioPlayer player;

void setup()
```

❾ 如代码 7–18 所示，初始化 Minim 和 AudioPlayer 类变量。此处初始化 AudioPlayer 类，需要使用 Minim 类的 loadFile 函数。将要播放的音乐文件名代入 loadFile 函数的参数，此处输入 sonar.wav。

代码7–18　初始化Minim和AudioPlayer类

```
void setup()
{
  size(400, 200);
```

```
  minim = new Minim(this);
  player = minim.loadFile("sonar.wav");

  cx = width/2;
  cy = height;
  noFill();
  stroke(0, 255, 36);
  myPort = new Serial(this, "Your Arduino Port", 9600);
```

❿ 最后，在 serialEvent 函数中，向 balls 变量添加值后，用 player 变量添加播放音效的代码。AudioPlayer 类的 isPlaying 函数用于确认现在是否在播放音效。如果检测到没有播放，就会用 rewind 函数将进度条拉到最开端，并执行 play 函数播放音效。至此，运行 Processing 时，每添加一个圆圈，就可以听到“叮 ~ 叮 ~”的音效。

代码7-19 **播放音效**

```
void serialEvent(Serial p) {
  String inString = p.readStringUntil('\n');
  if (inString != null) {
    if (inString.startsWith("r")) {
      String[] strings = inString.trim().replace("r", "").split("d");
      if (strings.length > 1) {
        degree = Integer.parseInt(strings[0]);
        int distance = Integer.parseInt(strings[1]);
        if (distance != 0) {
          balls.add(new Ball(cx, cy, degree, distance));
          if(!player.isPlaying()){
            player.rewind();
            player.play();
          }
        }
      }
    }
  }
}
```

第8章 制作激光玩具

8.1 组装激光玩具

准备物品

Arduino UNO 1 个

伺服电机支架 2 个和激光模组支架（用 3D 打印机打印）

激光模组 1 个

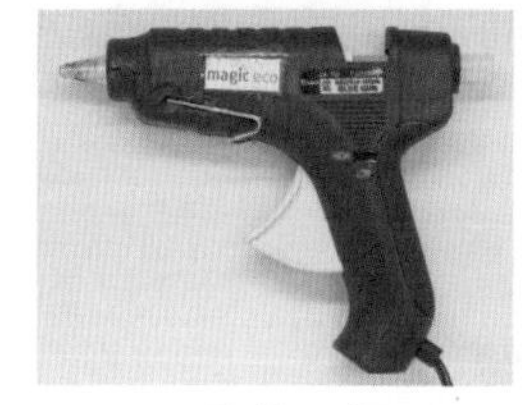

胶枪 1 把

9 g 伺服电机 2 个

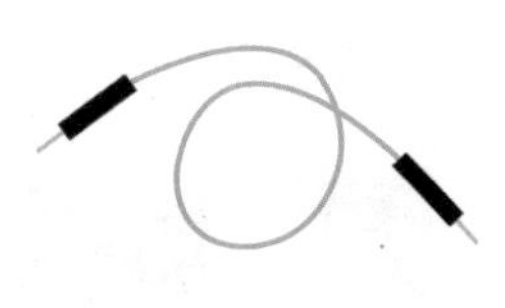

公对公跳线 10 根

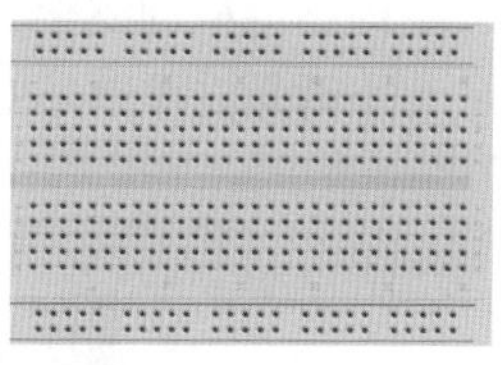

面包板 1 个

本节利用 Arduino 和 Processing 制作激光玩具。首先将伺服电机和激光模组连接至 Arduino，使其可以上下左右任意活动。随后再与 Processing 相连，利用鼠标控制激光玩具。

制作激光玩具需要用 3D 打印机准备躯干部分。Thingiverse 上有激光玩具的 3D 模型文件，请下载 STL 文件并用 3D 打印机制作。

下面根据图片逐一连接。

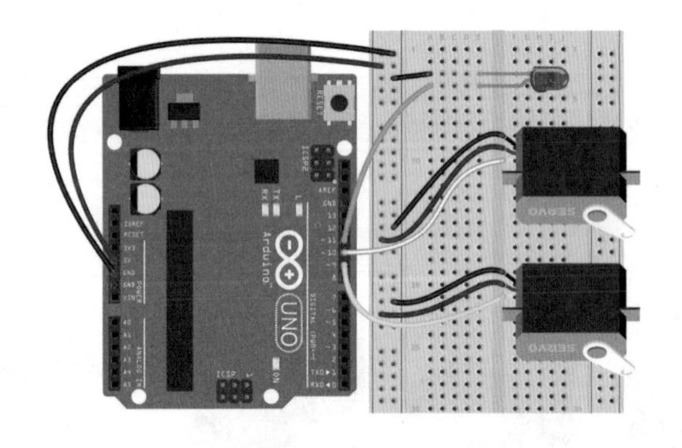

电路图8-1 **制作激光玩具**

01 用 3D 打印机制作如下 3 个部件，从左至右第一个是可以使激光玩具左右活动的底部伺服电机的支架，第二个是可以使激光玩具上下活动的顶部伺服电机的支架，第三个则是支撑激光模组的支架。

02 将伺服电机安插至底部伺服电机支架。

03 将螺丝拧入底部伺服电机支架中的螺口。

04 将伺服电机安插至顶部伺服电机支架。

05 将螺丝拧入顶部伺服电机支架中的螺口。

06 顶部伺服电机支架表面有安插舵臂的槽。用胶枪打些胶水，并将舵臂安插至槽内。

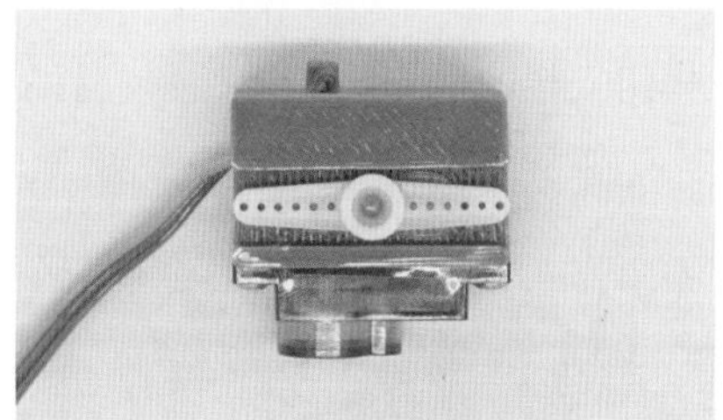

07 将激光模组底部与公对公跳线焊接起来。

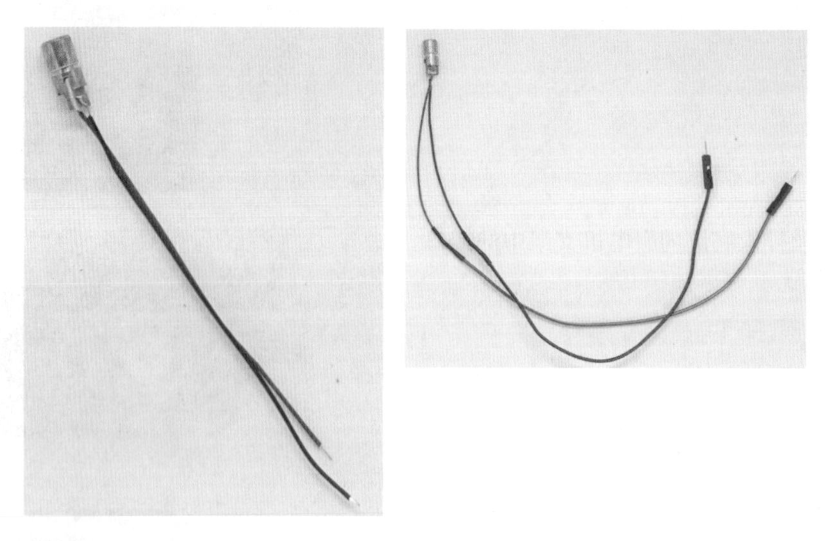

08 激光模组支架上有一个洞口，将激光模组的线从此处伸出。

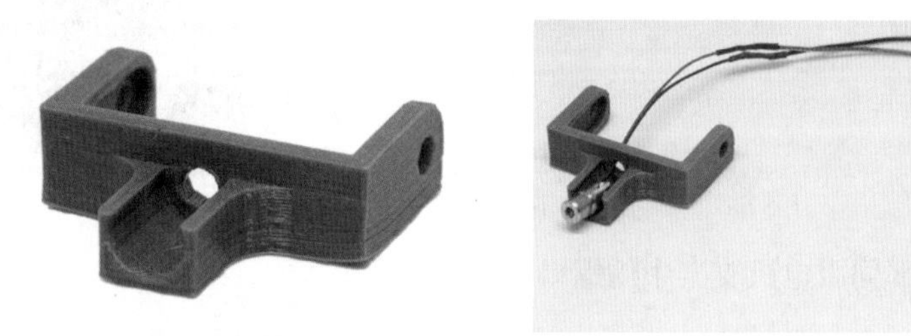

09 在激光模组支架凸起的部分打些胶水进行固定。

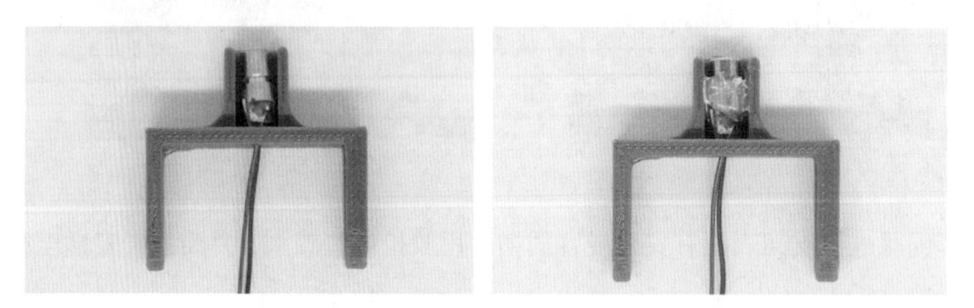

10 激光模组支架的内部有可以安插舵臂的槽。用胶枪打些胶水，并将舵臂安插至槽内。

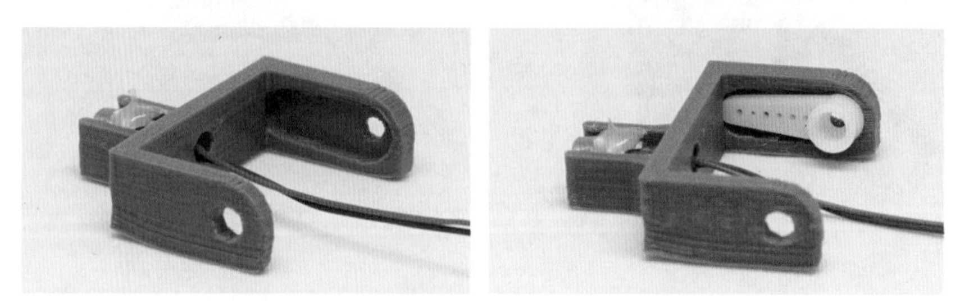

11　将 Arduino 板的接地引脚连接至面包板蓝色长竖列，将电源引脚连接至红色长竖列。

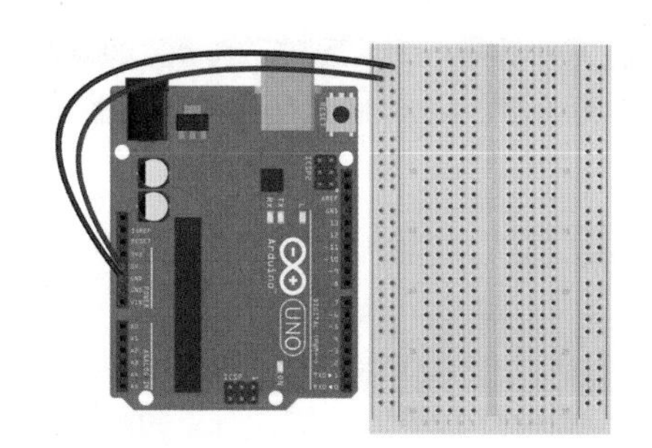

12　将底部伺服电机的黑色或褐色线与插有接地引脚的竖列相连，将红色线与插有电源引脚的竖列相连，将黄色或橘黄色线连接至 Arduino 板的 9 号引脚。

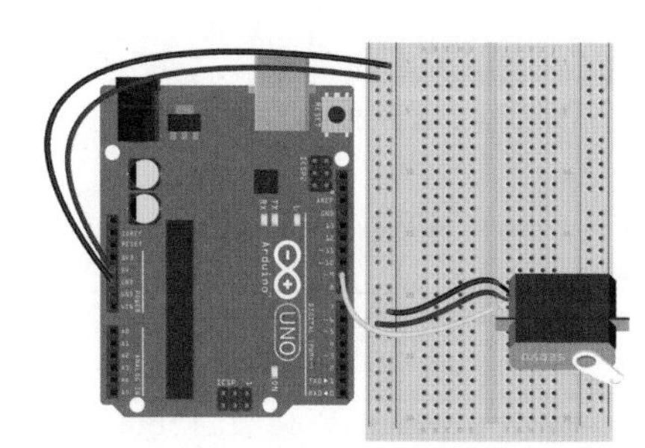

13　将顶部伺服电机的黑色或褐色线与插有接地引脚的竖列相连，将红色线与插有电源引脚的竖列相连，将黄色或橘黄色线连接至 Arduino 板的 9 号引脚。

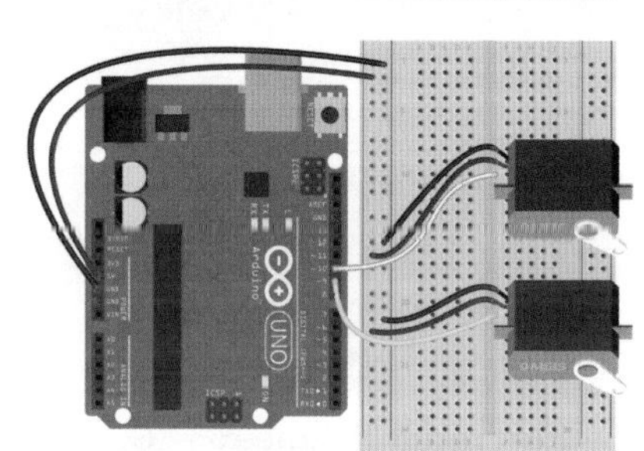

14　将激光模组的红色线与插有电源引脚的竖列相连，将激光模组的黑色线与插有接地引脚的竖列相连。

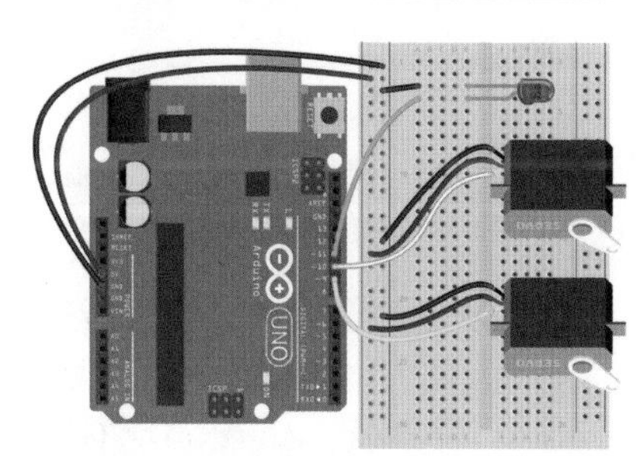

15　与 Arduino 相连的样子如右图所示。至此尚未完成组装，我们先编写 sketch 文档。

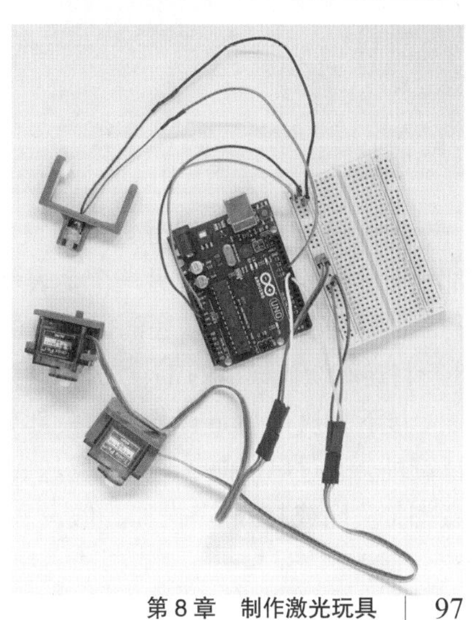

8.2 编写 Arduino sketch 文档

代码8-1 **制作激光玩具：Arduino**

```
#include <Servo.h>

Servo xServo, yServo;

void setup() {
  xServo.attach(9);
  yServo.attach(10);
  pinMode(11, OUTPUT);
  Serial.begin(9600);
}

void loop() {
  if(Serial.available()){
    int x = Serial.parseInt();
    int y = Serial.parseInt();
    int laser = Serial.parseInt();

    if(Serial.read() == '\n'){
      xServo.write(x);
      delay(1);
      yServo.write(y);
      delay(1);
      digitalWrite(11, laser);
    }
  }
}
```

如代码 8-1 所示编写 sketch 文档。第 3 行声明了两个 Servo 库变量，一个是表示底部伺服电机的 xServo，另一个是表示顶部伺服电机的 yServo。随后执行 setup 函数，第 6 行将 9 号引脚设为控制底部伺服电机后，将 10 号引脚设为控制顶部伺服电机。之后在第 8 行将连有激光模组的 11 号引脚设为输出，并在第 9 行设置串口通信。

接下来执行 loop 函数。这一部分与之前串口通信时出现的代码 5-5 非常相似。此处，计算机会通过串口向 Arduino 发送底部伺服电机角度值、顶部伺服电机角度值、激光模组状态（关闭或打开）。例如，假设底部伺服电机角度值为 0，顶部伺服电机角度值为 70，激光模组处于打开状态，那么就会向 Arduino 发送“0 70 1”。如果在前面两个条件的基础上，激光模组处于关闭状态，就会向 Arduino 发送“0 70 0”。最后用 Serial.parseInt 指令，将 Arduino 接收的值依次代入 x、y、laser 变量。

第 18 行查看是否接收换行符。如果有，则用 x、y、laser 变量设置激光模组。在第 19 行用变量 x 设置底部伺服电机的角度值，在第 20 行休息 0.01 s。随后在第 21 行用变量 y 设置顶部伺服电机的角度值，在第 22 行再次休息 0.01 s。最后，在第 23 行用 laser 变量打开或关闭激光模组。上传代码后，根据如下步骤组装未完成的部分。

01 打开 Arduino 串口监视器，在下方设置栏中设置“换行”后，在文本框中输入“0 0 1”并点击发送。正常运转的情况下，伺服电机的角度会全部变为 0，激光模组也会处于打开状态。

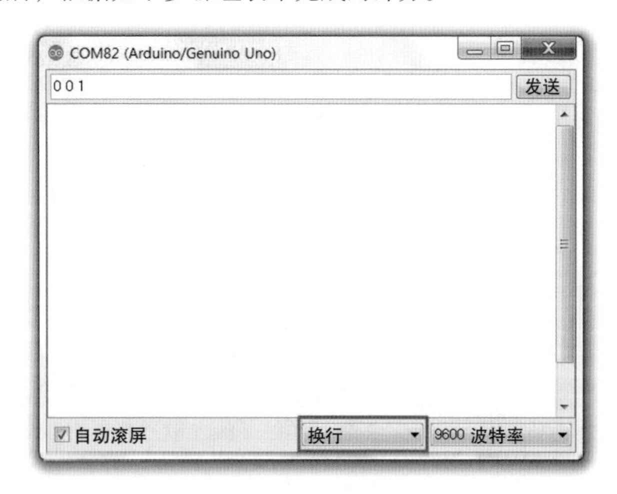

02 接下来在输入框中输入“60 60 0”并点击发送。此时伺服电机的角度会全部变为 60°，激光模组也会关闭。此处之所以将伺服电机的角度全部变为 60°，是因为之后打算将各伺服电机的中心角度设为 60°。如果伺服电机的角度全部是 60°，那么激光模组就会朝向正中。

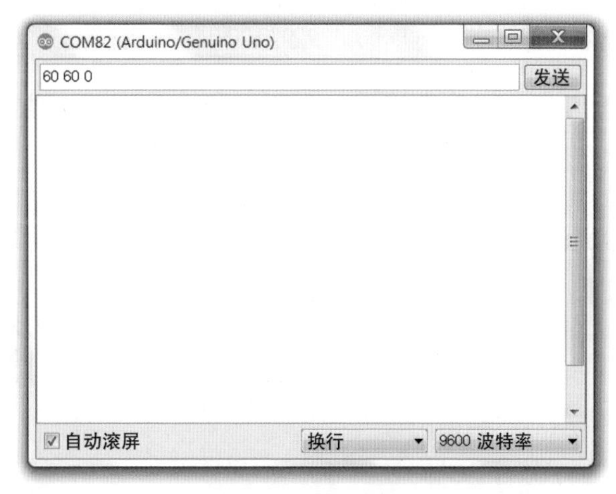

03 将顶部伺服电机支架插至底部伺服电机支架。

04 将激光模组支架插至顶部伺服电机支架的侧方。

05 成品如图所示！

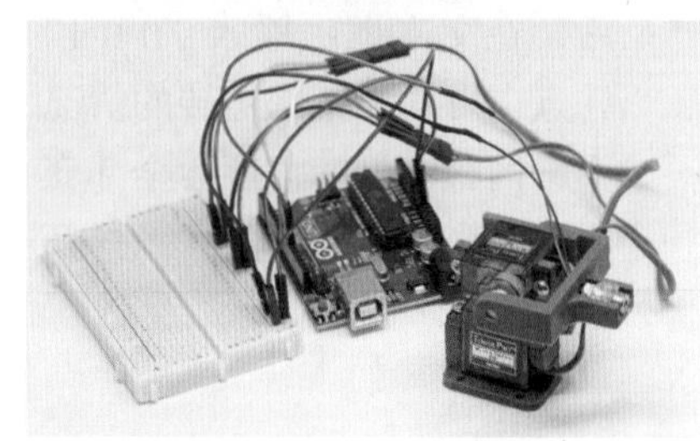

8.3 编写 Processing 代码

代码8-2 **制作激光玩具：Processing**

```
1   import processing.serial.*;
2
3   Serial myPort;
4
5   void setup() {
6     size(400, 400);
7     myPort = new Serial(this, "Your Arduino Port", 9600);
8   }
9
10  void draw() {
11  }
12
13  void setServo(int laser) {
14    int x = int(map(mouseX, 0, width, 120, 0));
15    int y = int(map(mouseY, 0, height, 120, 0));
16
17    myPort.write(x + " " + y + " " + laser + "\n");
18  }
```

```
19
20  void mouseMoved() {
21    setServo(0);
22  }
23
24  void mouseDragged() {
25    setServo(1);
26  }
```

如代码 8-2 所示，编写 Processing 代码。下面对代码 8-2 做简要分析。第 3 行声明 Serial 类变量后，立即执行 setup 函数。第 6 行将窗口大小设为宽 400 px，高 400 px 后，第 7 行设置串口端口，在 Your Arduino Port 部分输入标识于 Arduino IDE 上的 Arduino 串口端口。由于此处并不需要绘制图形，所以不必执行 draw 函数。刚刚编写 Arduino sketch 文档时，即使不执行 loop 函数也要编写代码。但此处如果没有必要执行 draw 函数，则只要像代码 8-2 一样忽略此部分即可。

第 13~18 行执行 setServo 函数。之前用 Arduino 向串口输出了值，并以此控制伺服电机和激光模组。此处的 setServo 函数便负责在 Processing 中，为了让 Arduino 输出值而向串口发送值。第 14 行查验鼠标的 x 坐标值后，将其改为底部伺服电机要转动的角度值，并代入变量 x。第 14 行的 mouseX 和 width 是 Processing 中使用的变量，mouseX 中代入当前鼠标的 x 坐标值，width 中则代入当前窗口的宽度。

下面仔细分析第 14 行。首先用 map 函数将鼠标 x 坐标值的标准范围从“0~ 窗口宽度”改为“120~0”。此处之所以没有将标准范围改为 0~120，是因为鼠标的 x 坐标值增加方向与伺服电机的角度值变换方向相反。并且，为了使中点变为 60，故将范围设至 120。

与 Arduino 不同，由于 Processing 的 map 函数返回的实数带有小数点，所以要使用 int 函数将实数取整，并将整数代入变量 x。第 15 行与第 14 行同理，mouseY 和 height 是 Processing 中使用的变量，分别代入当前鼠标的 y 坐标值和窗口高度。查验鼠标 y 的坐标值后，将其改为顶部伺服电机要转动的角度值，并代入变量 y。第 17 行将前面计算得出的 x、y 变量同函数参数值 laser 变量一起合成一段文字，并发送至 Arduino。

函数说明

int()

将带有小数点的实数变为整数。

结构

int(val)

参数

val：表示带小数点的实数。

返回值

取整值：将带有小数点的实数变为整数后返回。

示例

```
int a = (2.3);
//将2.3变为整数2，并代入变量a。
```

第 20 行和第 24 行分别出现了 mouseMoved 和 mouseDragged 函数，mouseMoved 函数在移动鼠标时执行，mouseDragged 在拖曳鼠标时执行。第 21 行将参数值设为 0 后，执行 setServo 函数。这样一来，第 17 行的 laser 变量就变为 0，伺服电机便会在激光模组关闭状态下活动。最后，第 25 行将参数设为 1，并执行 setServo 函数。这样一来，第 17 行的 laser 变量又变回 1，伺服电机便在激光模组打开状态下活动。执行上述所有代码，上下左右活动鼠标，激光模组即可根据鼠标活动。拖曳鼠标时，激光模组会在打开状态下活动。

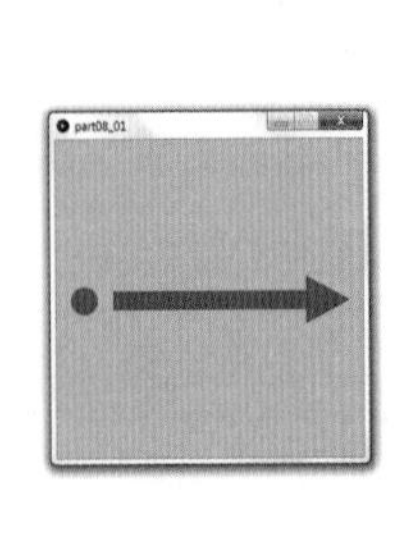

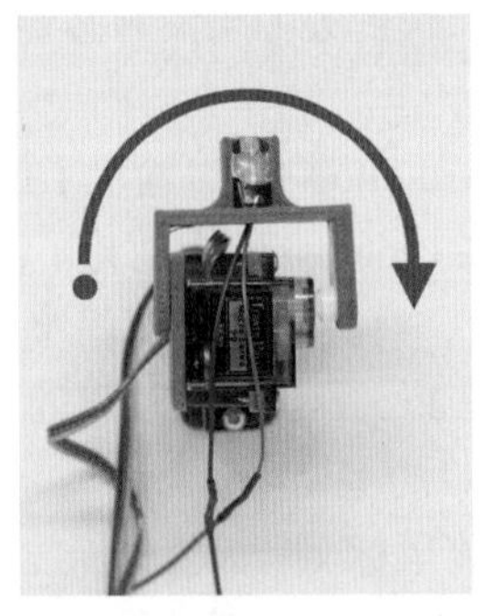

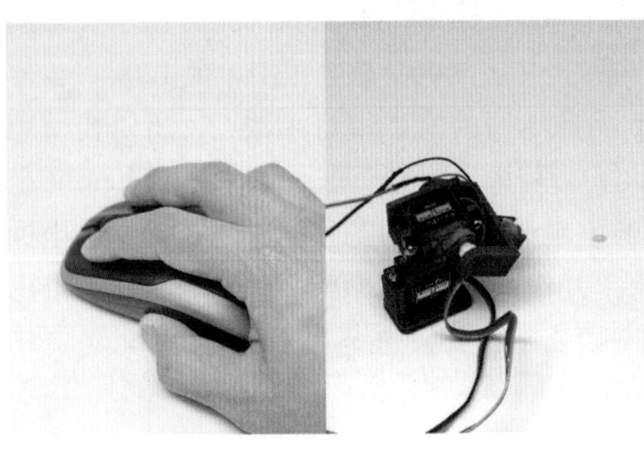

用 Scratch X 控制激光玩具

我们之前简单介绍过 Scratch X，通过它也可以控制激光玩具。

❶ 打开 Arduino IDE 的【文件】-【示例】-【Firmata】-【StandardFirmata】菜单，并上传代码。此示例代码通过串口通信操作 Arduino。

❷ 当前只有“火狐”浏览器支持 Scratch X 运行。请到“火狐”浏览器下载页面下载并安装。

❸ 打开安装的“火狐”浏览器，并移动至 Adobe Flash Player 页面安装 Adobe Flash Player。要注意，不可以使用其他浏览器，一定要在“火狐”浏览器中打开 Adobe Flash Player 页面。

❹ 要想用 Scratch X 控制 Arduino，需要安装 Scratch Device Plugin。下载符合操作系统的安装包进行安装。安装程序可能会在屏幕上闪现后关闭，这属于正常的现象，无须担心。

❺ 下载控制激光玩具的 Scratch X 文件。在 Scratch X 页面可以看到 Open Extension File，这是打开 Scratch X 的按钮，点击后即可打开 Scratch X 文件。

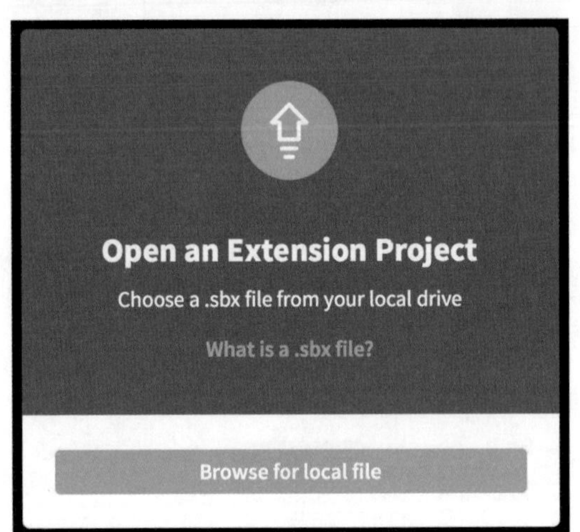

❻ 打开文件即可看到浏览器地址栏左侧的乐高模块状图案，点击出现下图所示窗口。根据下图进行设置，将 Adobe Flash 和 Scratch Device 全部设为“允许并记住”。

❼ Scratch X 左上部分有一个地球仪状的图案。第一次运行 Scratch X 时，所有文字均为英语，此时可以利用此图案设置语言环境。选择并设置为“简体中文”。

❽ 画面中间有如图所示的状态栏。如果没有连接 Arduino，或连接的 Arduino 没有安装 StandardFirmata，那么右侧圆圈便会呈现黄色；如果正常安装 StandardFirmata，且成功连接 Scratch X，圆圈就会变为绿色。变为绿色后点击绿色旗帜，开始运行。此时活动鼠标可以发现，激光玩具会根据鼠标的活动而活动。

ODIY 视频授课可以为读者提供更详细的说明。

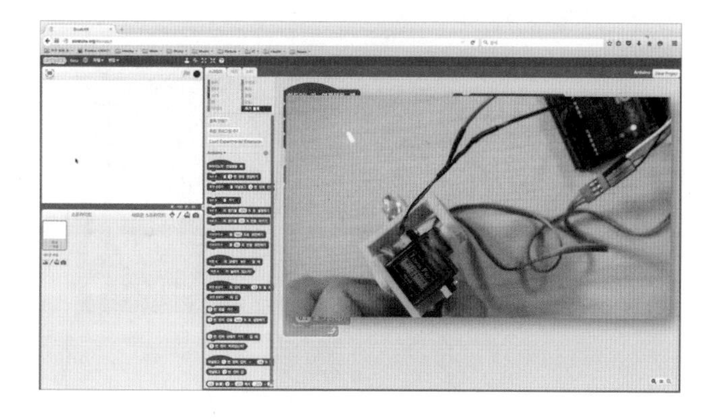

第9章

蓝牙：与 Android 对话

9.1 蓝牙模块简介

蓝牙是一种近距离无线通信技术标准，最初由瑞典通信设备制造商爱立信研发。时下，蓝牙已随处可见，最常见的蓝牙设备有移动设备耳机、无线键盘等。蓝牙可以在近距离内与相关设备实现双向数据传输。同样，Arduino 上也可以连接蓝牙模块，实现蓝牙通信。本章主要使用 HC-06 蓝牙模块。

提示 "蓝牙"（Bluetooth）的本意并不源于英语的"蓝色牙齿"，而是来自丹麦国王 Harald Blatand 的英文名（Blatand 翻译成英语是 Bluetooth）。据说，创始人读了关于 Harald Blatand 的历史小说后，想要使蓝牙像 Harald Blatand 统一斯堪的纳维亚那样统一无线通信领域，故而以其命名。

使用蓝牙之前，我们再次回顾串口通信相关内容。之前讲解了如何用 Serial 库实现 Arduino 和 PC 之间的串口通信。Arduino 不仅会从 PC 接收并处理数据，还会从传感器读取值并发送至 PC。那么，串口通信是基于何种原理传输数据的呢？打个比方，一个房间有两扇门，一扇为入口，一扇为出口。将数据比喻为人的话，这两扇门分别只容一人通行。

同理，串口通信时，数据输出和输入的地方是分开的，并且每次只能输入或输出 1 个数据。输出的门叫作 TX（transmit），输入的门叫作 RX（receive）。Arduino 板的 0 号引脚和 1 号引脚旁边标有 TXD 和 RXD，它们分别对应 TX 和 RX，表示输出和输入。正因如此，新手最好不要使用与 TX、RX 相连的 0 号引脚和 1 号引脚。上传 sketch 文档也需要通过串口通信实现，此时如果将电子设备连接到 0 号引脚和 1 号引脚，就会发生错误。Arduino 板载 LED 中标有 TX 和 RX 的 LED 分别会在 Arduino 输出数据和接收数据时闪烁，读者可以在串口通信的过程中进行观察。

要想实现设备间的串口通信，需要连接不同设备的 TX 和 RX。也就是说，将一个设备输出的部分和另一个设备输入的部分连接在一起。比如，实现 Arduino 和 PC 的串口通信时，就要将 Arduino 的 TX 和 PC 的 RX 相连，将 Arduino 的 RX 和 PC 的 TX 相连。由于二者的数据传输建立在数字信号上，为了保证电流流通，将二者的接地引脚相连。这样就做好了串口通信的准备。

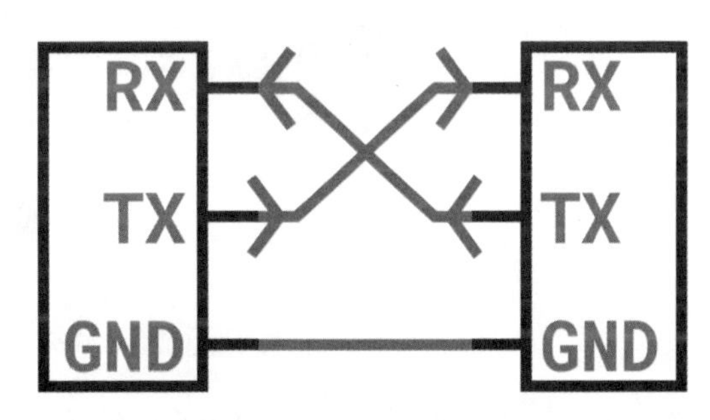

下面重新回到蓝牙模块。蓝牙模块上也有 TX 和 RX，在 HC-06 中标为 TXD 和 RXD。如果要将蓝牙连接到 Arduino 后进行通信，只需将蓝牙模块的 TXD 和 RXD 分别连接至 Arduino 的 RX（0 号引脚）和 TX（1 号引脚），或者之后再用 Serial 库实现。初学者可能会对此段内容产生混淆，下面使用其他引脚代替 0 号和 1 号引脚。

提示 进行串口通信时要设置波特率，以调整设备间的数据传输速度。调整各设备的波特率能够避免双方数据传输速度不一致。

9.2 连接蓝牙

准备物品

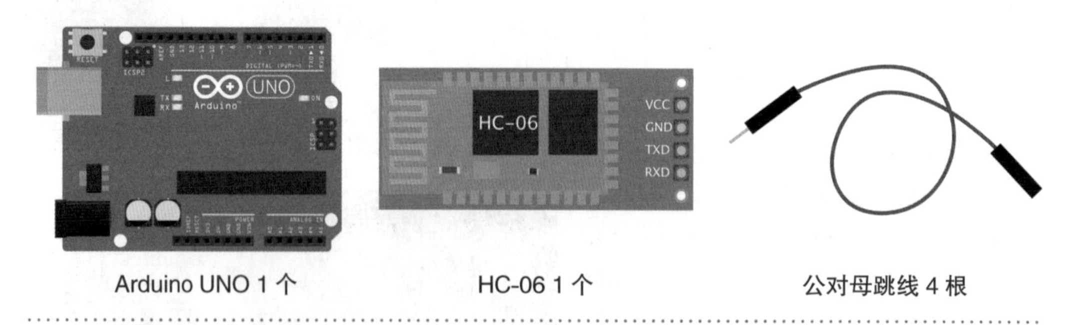

Arduino UNO 1 个　　HC-06 1 个　　公对母跳线 4 根

下面将 HC-06 连接至 Arduino，并上传蓝牙通信的 sketch 文档。

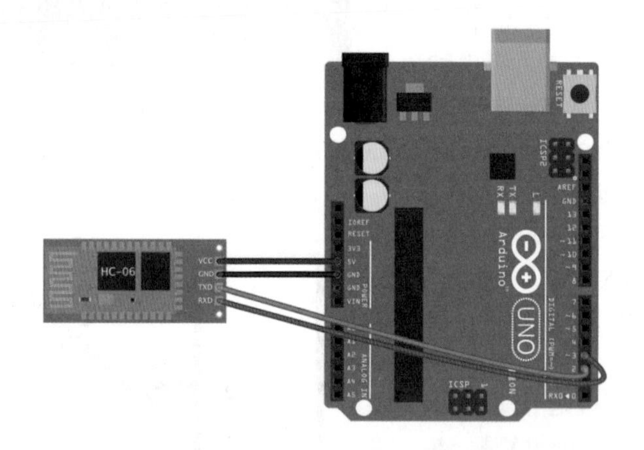

电路图9-1　蓝牙：与 Android 对话

01 将蓝牙模块的接地引脚与 Arduino 的接地引脚相连，将蓝牙模块的电源引脚连接至 Arduino 的电源引脚。

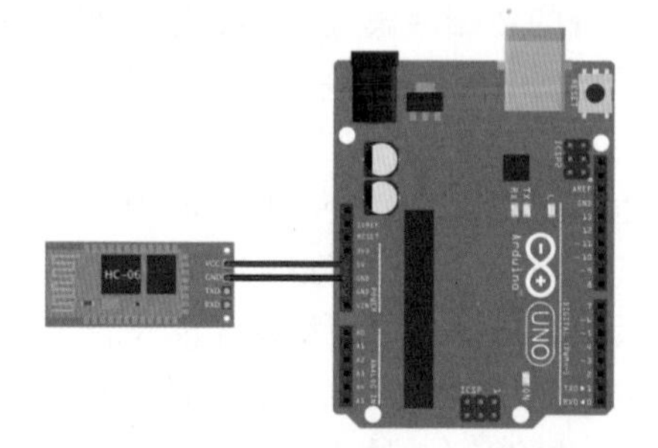

02 将蓝牙模块的 TXD 与 Arduino UNO 的 2 号引脚相连，将 2 号引脚用作 RX。

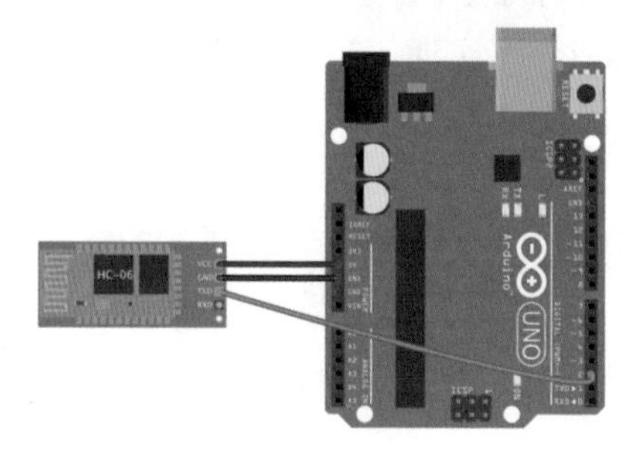

03 将蓝牙模块的 RXD 与 Arduino UNO 的 3 号引脚相连，将 3 号引脚用作 TX。

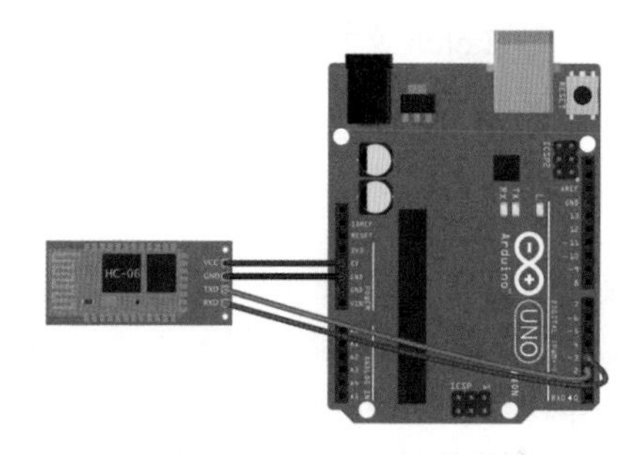

04 成品如图所示！

如代码 9-1 所示，编写 sketch 文档。

代码9-1 蓝牙：与Android对话

```
1   #include <SoftwareSerial.h>
2
3   SoftwareSerial btSerial(2, 3);
4
5   void setup() {
6     Serial.begin(9600);
7     btSerial.begin(9600);
8   }
9
10  void loop() {
11    if (btSerial.available())
12      Serial.write(btSerial.read());
13
14    if (Serial.available())
15      btSerial.write(Serial.read());
16  }
```

代码 9-1 的第 1 行如代码 9-2 所示，使用名为 SoftwareSerial 的串口通信库。

代码9-2 声明SoftwareSerial库

```
#include <SoftwareSerial.h>
```

在 sketch 文档开始部分手动输入代码 9–2，或选择【sketch】–【内部库】–【SoftwareSerial】菜单自动生成。

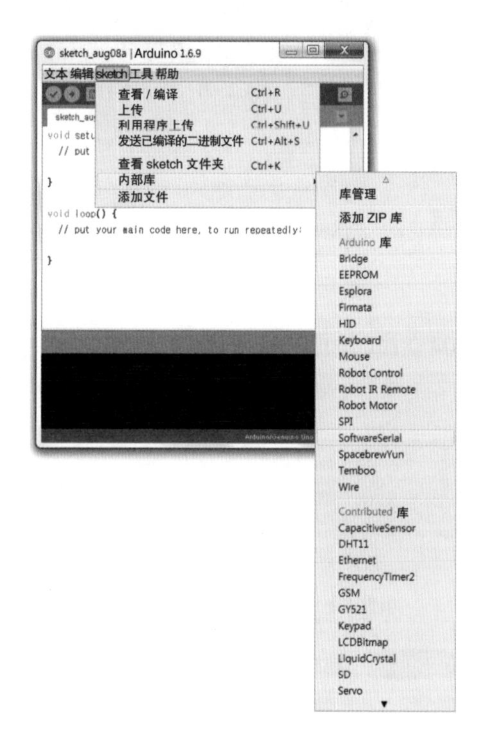

要想使用蓝牙模块，必须首先实现串口通信。使 Arduino 得以串口通信的 TX、RX 分别是 1 号引脚和 0 号引脚，但上传 sketch 文档时，或在串口监视器中，均要使用这些引脚进行串口通信，所以此处使用其他引脚代替 0 号和 1 号引脚。这时用到的就是 SoftwareSerial 库，通过其他数字引脚进行串口通信。第 3 行声明库变量，初始化 SoftwareSerial 库需要用到两个参数。按顺序输入要用作 RX、TX 的引脚号码即可。

 函数说明

SoftwareSerial()
初始化SoftwareSerial库。

结构
SoftwareSerial(RX, TX)

参数
RX：要用作RX的Arduino板引脚号码。
TX：要用作TX的Arduino板引脚号码。

返回值
无

示例
SoftwareSerial btSerial(2, 3);
//将2号引脚设为RX，将3号引脚设为TX。

除了在初始化的部分有些出入，SoftwareSerial 库的其他部分与 Serial 库几乎相同。第 6 行利用 Serial.begin 指令准备串口通信，第 7 行用 SoftwareSerial.begin 指令准备串口通信。

接下来执行 loop 函数。第 11 行用 SoftwareSerial.available 指令确认串口是否接收数据，即确认蓝牙模块是否接收数据。如果有，就在第 12 行用 SoftwareSerial.read 指令从蓝牙模块读取 1 B 数据，然后立即用 Serial.write 指令发送至 PC。简言之，蓝牙模块接收数据后会立即传送到 PC。

函数说明

Serial.write()
向串口发送1 B数据。

结构
Serial.write(数据)

参数
数据：1 B数据

返回值
无

示例
```
byte val = btSerial.read();
Serial.write(val);
//用SoftwareSerial.read指令读取1 B数据后代入val变量，并将val变量的值发送至PC。
```

第14~15行与第11~12行相同。第14行使用Serial.available指令确认串口是否接收数据，即PC是否接收数据。如果有，就在第15行用Serial.read指令从PC读取1 B数据，然后立即用SoftwareSerial.write指令发送至蓝牙模块。简言之，PC接收数据后会立即传送到蓝牙模块。全部编写完成后上传sketch文档。

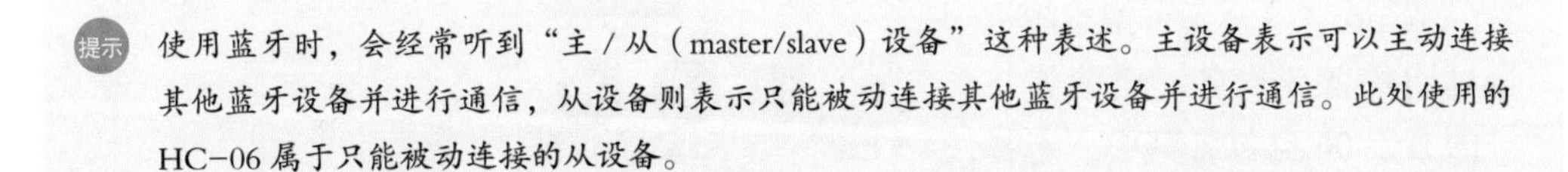
提示 使用蓝牙时，会经常听到“主/从（master/slave）设备”这种表述。主设备表示可以主动连接其他蓝牙设备并进行通信，从设备则表示只能被动连接其他蓝牙设备并进行通信。此处使用的HC-06属于只能被动连接的从设备。

9.3 连接Android

下面利用蓝牙，使Arduino和Android实现通信。利用有蓝牙功能的Android设备，并根据下列步骤逐一操作。

01 将已上传sketch文档的Arduino连接至PC后，进入Android设备的蓝牙设置页面。在此页面搜索蓝牙设备，“可连接的设备”一栏就会出现HC-06。

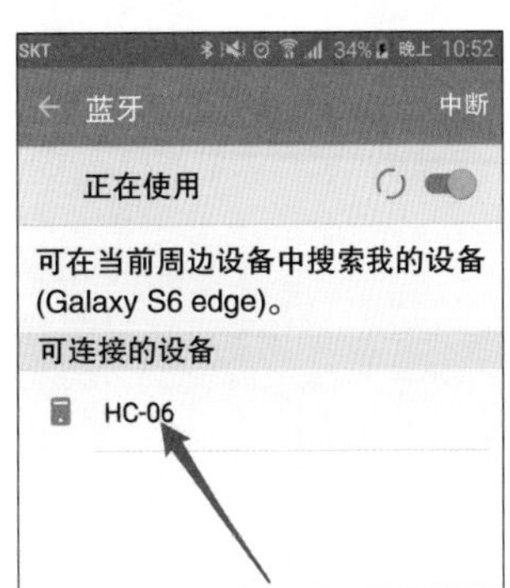

提示 读者可能通过电视或互联网接触过蓝牙 4.0 或蓝牙 LE，这是智能蓝牙（Bluetooth SMART）专业术语。智能蓝牙比常规蓝牙具有低能耗、单价低的优点，所以常用于医疗保健、体育健身、安保、物联网等多种领域。我们使用的 HC-06 是常规蓝牙，并不属于智能蓝牙范畴。为了区分二者，人们将常规蓝牙称为“经典蓝牙”（Bluetooth classic）。大家只需记住智能蓝牙和经典蓝牙有所区别即可。

02 蓝牙设备之间通信时，首先要进行配对（pairing）。配对是为了安全起见，在连接前辨识对方设备的过程。在画面中点击 HC-06，出现密码输入窗口。HC-06 的初始密码为 0000 或 1234，输入密码后，如果配对成功，就会在“已连接的设备”栏显示 HC-06。

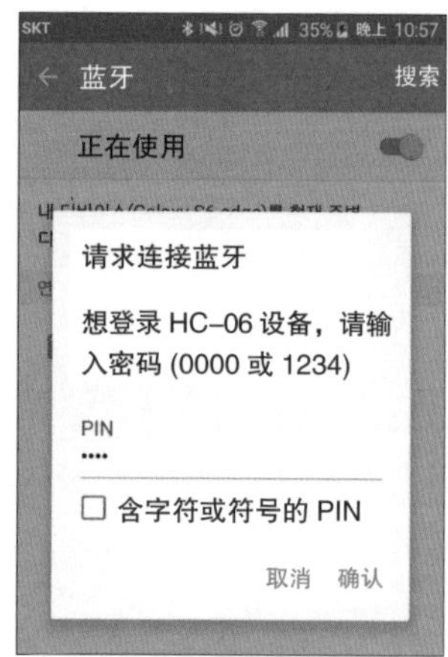

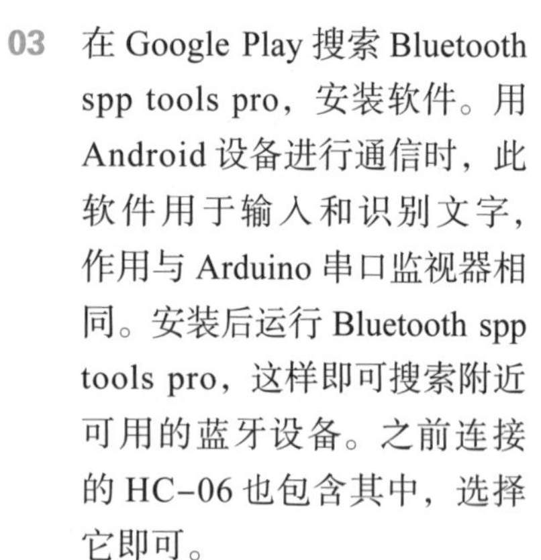

03 在 Google Play 搜索 Bluetooth spp tools pro，安装软件。用 Android 设备进行通信时，此软件用于输入和识别文字，作用与 Arduino 串口监视器相同。安装后运行 Bluetooth spp tools pro，这样即可搜索附近可用的蓝牙设备。之前连接的 HC-06 也包含其中，选择它即可。

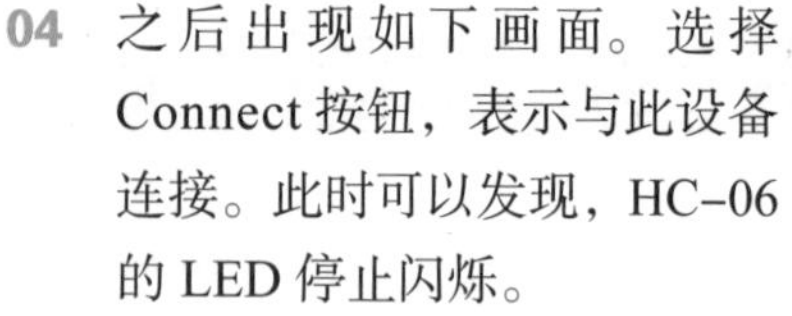

04 之后出现如下画面。选择 Connect 按钮，表示与此设备连接。此时可以发现，HC-06 的 LED 停止闪烁。

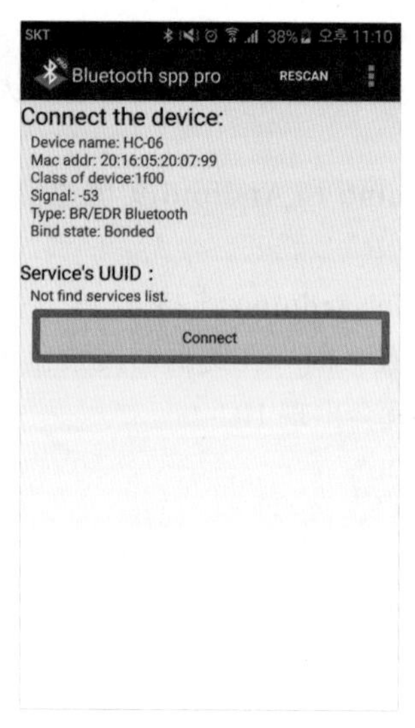

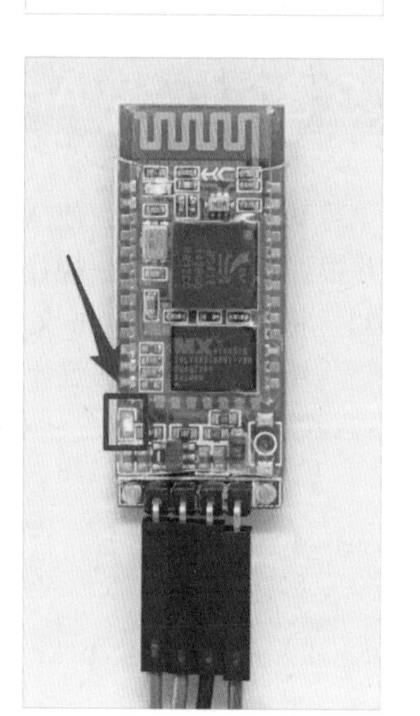

05 连接成功便会出现如图所示画面。选择 Byte stream mode。

06 至此已做好了通信准备。首先，从 Android 向 Arduino 发送文字。打开 Arduino 串口监视器的情况下，在 Android 软件的输入框中输入“Hello Arduino!”，点击发送，串口监视器随即显示相同文字。

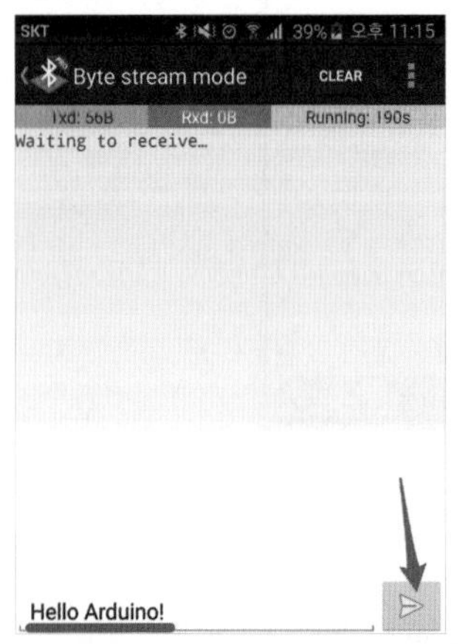

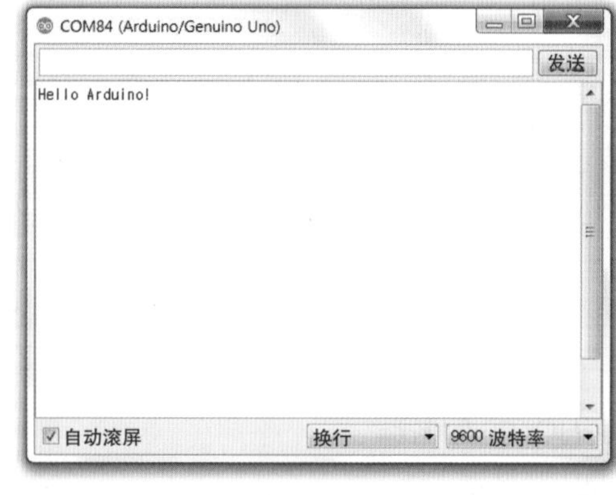

07 这次反向操作，从 Arduino 向 Android 发送文字。步骤同上，在 Arduino 串口监视器输入“Hello Android!”，点击发送，Android 软件随即显示相同文字。至此，我们用 HC-06 实现了 Arduino 和 Android 之间的通信。

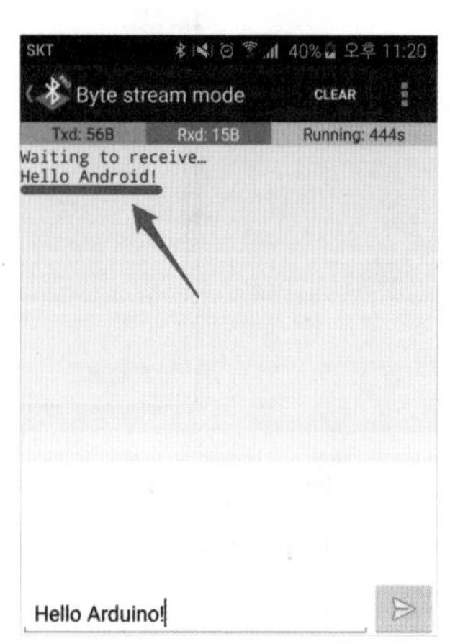

设置 HC-06

使用蓝牙模块时，人们一般都会选择 HC-06。但如果搜索周边发现有很多 HC-06，该如何找到我们想使用的那个模块呢？如果模块名称都是 HC-06，恐怕会很难确定。即使名称不同，如果一直保持初始密码，那么任何人都可以随意与我们的 HC-06 配对并进行通信。为了避免上述情况，可以使用 AT 指令设置 HC-06 的名称和密码。如电路图 9-1 所示连接电路，上传代码 9-1 后，在串口监视器下方设置 no line ending，波特率 9600。此处需要注意，设置过程中不可以连接其他蓝牙设备！

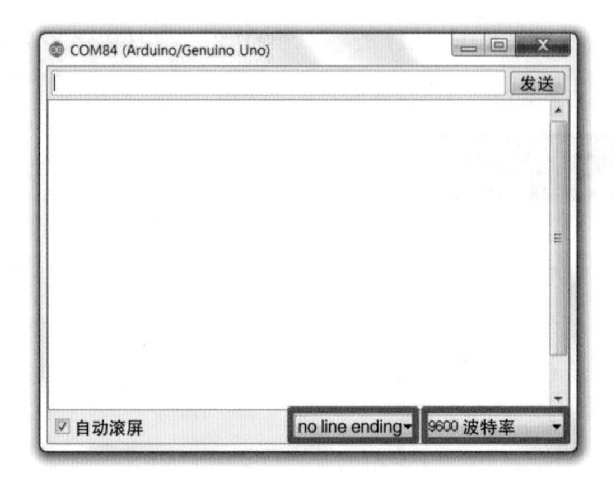

1. 更改 HC-06 的名称

在串口监视器中输入 AT，画面显示 OK，表示已经做好设置 HC-06 的准备。

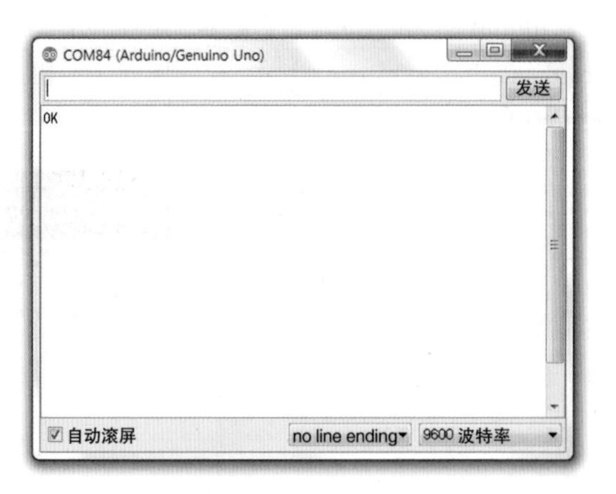

将蓝牙模块的初始名 HC-06 改为 Junhyuk Bluetooth。在串口监视器的输入框中输入 AT+NAMEJunhyuk Bluetooth，点击发送。如果屏幕显示 OKsetname，则表示成功命名。像这样，更改名称时，首先在文本框中输入 AT+NAME，不要空格，直接在后面输入想要的名称即可。

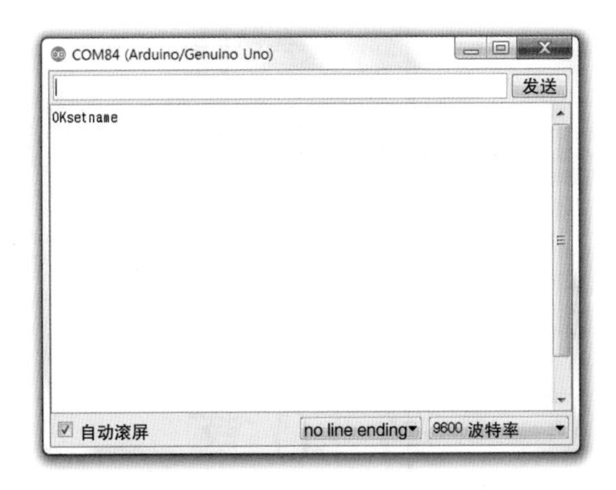

搜索“可连接的设备”即可发现，HC–06 名称已修改。

2. 更改 HC–06 的密码

下面将初始密码 0000 或 1234 改为 1130。在串口监视器的文本框中输入 AT+PIN1130，点击发送。如果屏幕显示 OKsetPIN，则表示成功修改密码。像这样，更改密码时，首先在输入框中输入 AT+PIN，不要空格，直接在后面输入想要的 4 位密码即可。

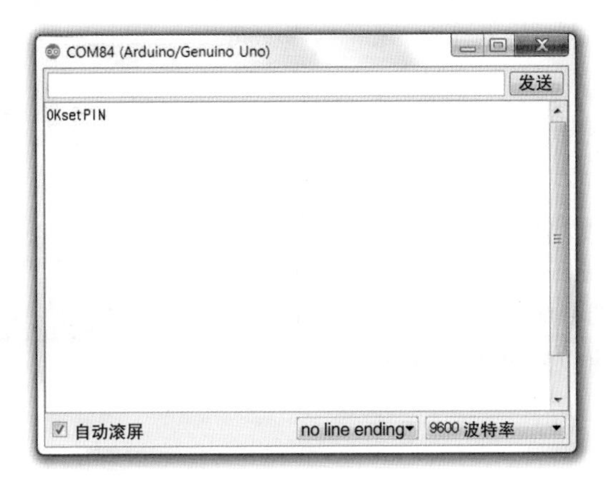

第10章

简易 App 制造机：App Inventor

10.1 App Inventor 简介

利用 App Inventor 可以轻松制作 Android App。它由 Scratch 创始人、MIT 媒体实验室的米切尔·雷斯尼克教授及其同事共同开发，与 Scratch 一样，可以通过模块轻松制作 App。

App Inventor 基本由组件设计器（designer）和模块编辑器（block）构成。在“组件设计器”区域不仅可以设置 App 上所需的按钮、图画等工具的位置和属性，还可以向 App 添加一些必要的功能，只需在组件面板以拖曳方式将想要的功能或工具添加至工作面板即可。在属性面板还可以修改组件值。

组件面板中的工具种类如下所示：

· 用户界面
· 组件布局
· 多媒体
· 绘图动画
· 传感器
· 社交应用
· 数据存储
· 通信连接
· 乐高®机器人
· 实验性

接下来逐一介绍这些工具。在用户界面可以添加如下组件，此部分一般为 App 所需的按钮或标签等。

组件布局用于布置 App 画面中的工具，可以水平或垂直排列。

多媒体工具用于拍照、录制视频或播放音乐和视频，也可以将语音识别为文字，或用计算机声音播放文字。

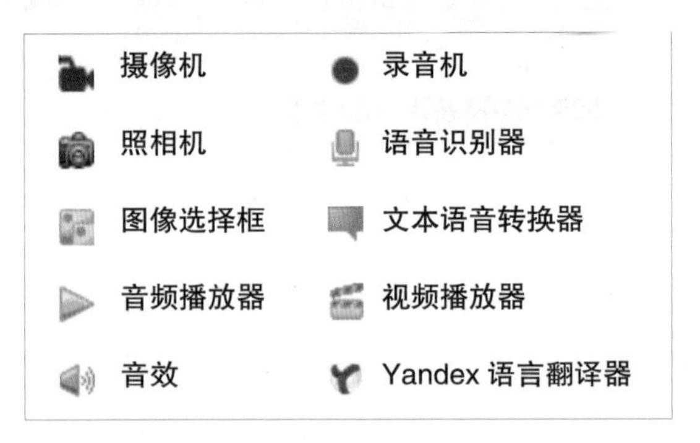

绘图动画工具可以画布绘图，还可以使用图像精灵实现动画效果。

传感器工具用于控制 Android 设备的传感器，可以使用 Android 设备的加速度传感器、NFC、方向传感器、GPS 等。

通过社交应用工具可以使用短信、Twitter、分享等功能，也可以选择联系人或电话号码。

数据存储工具可以将数据保存到文件或计算机。

通信连接的组件用于运行其他 App 或使蓝牙和互联网进行通信。这里的蓝牙功能还可以制作使蓝牙和 Arduino 进行通信的工具。

想用 Android 控制乐高机器人时，使用乐高®机器人。

最后，“实验性”中主要都是 App Inventor 正在开发的工具。目前可以在这一部分添加 Firebase 数据库。

接下来学习模块编辑器。在“组件设计器”中添加工具和功能后，在“模块编辑器”利用这些工具和功能进行编程。编程的过程与 Scratch 相同，都利用模块进行。

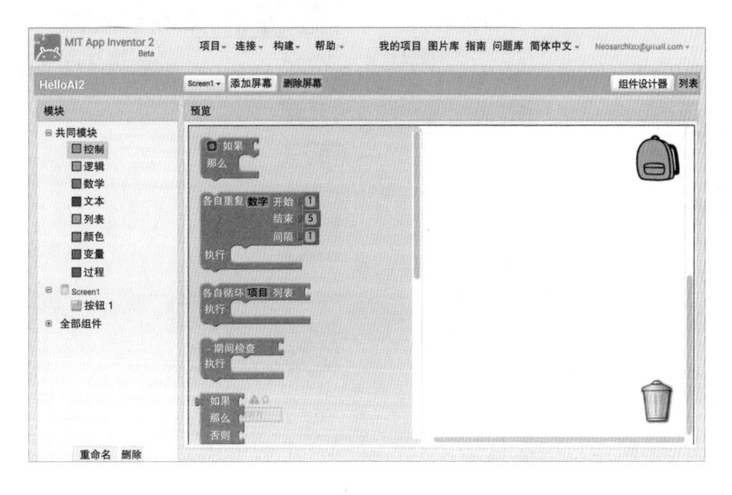

模块种类如下所示：

- 控制
- 逻辑
- 数学
- 文本
- 列表
- 颜色
- 变量
- 过程

接下来逐一介绍这些内置块。控制模块的内容如下所示，包含了此前在 Arduino 中学习的条件语句或循环语句等模块。

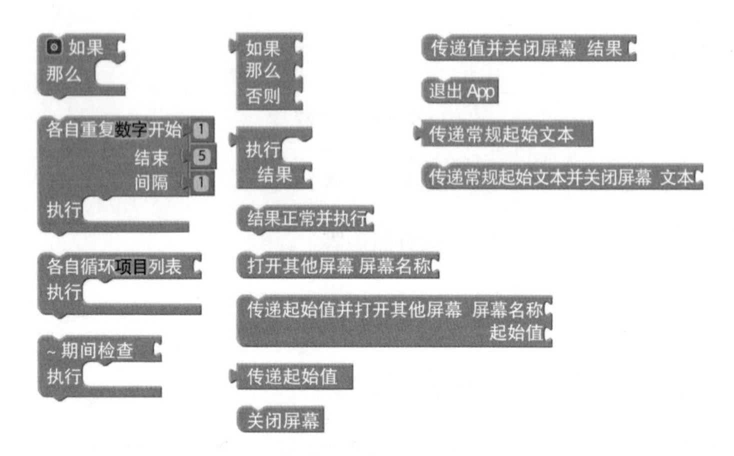

逻辑模块用于条件语句，由比较结果（真或假）和比较左右的模块组成。

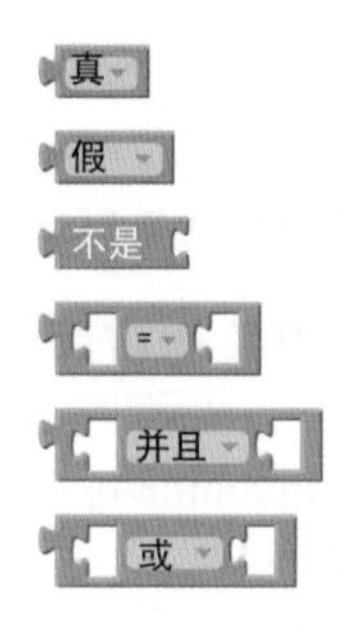

数学模块用于数学运算，包含加、减、乘、除及其他相关模块。

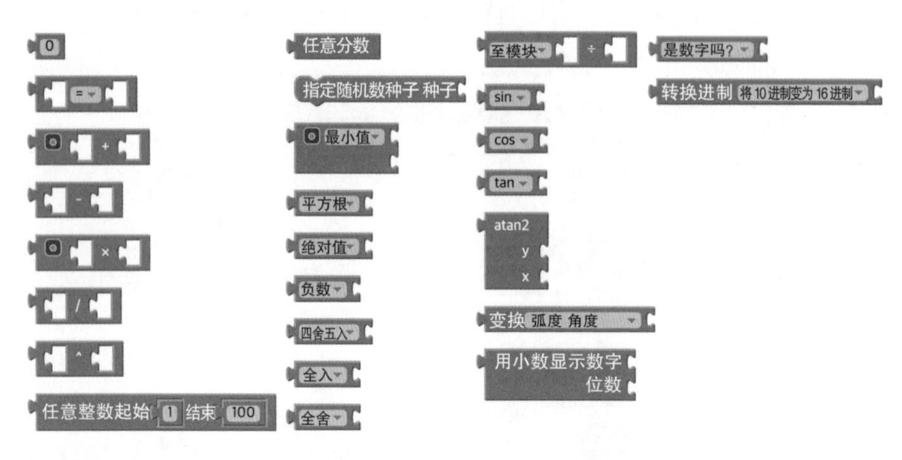

文本模块与文字相关，包含合并文字和分隔文字的模块。

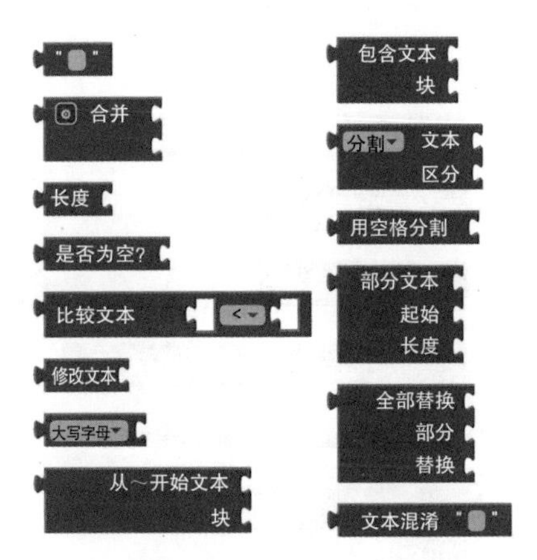

列表模块与数组相关，可以创建或修改数组。

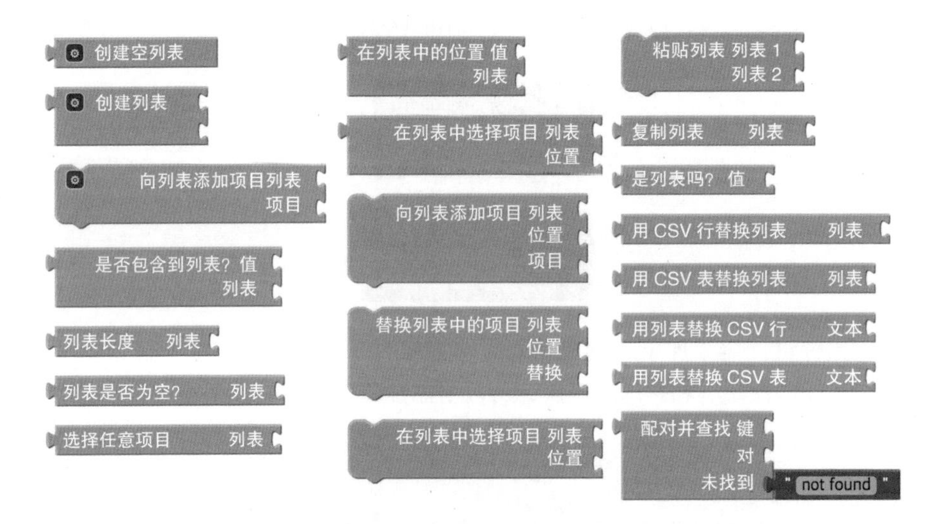

颜色模块与颜色相关，不仅可以选择默认颜色，还可以通过调节数值创建新颜色。

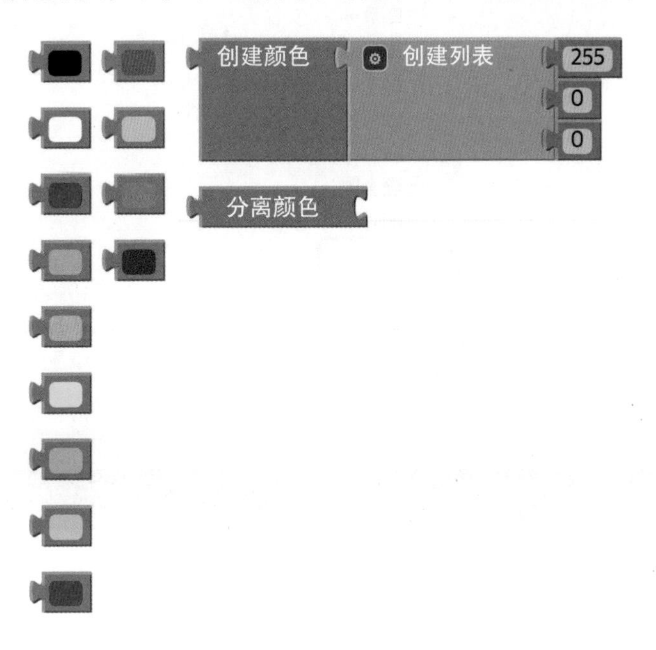

变量模块用于定义变量。

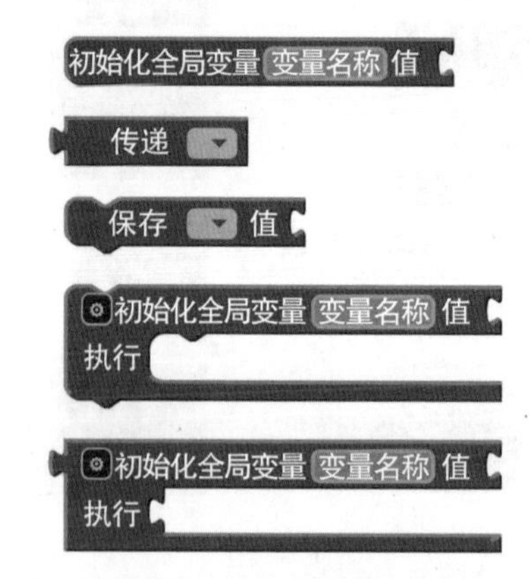

过程模块与函数相关，可以亲自编写要使用的函数。

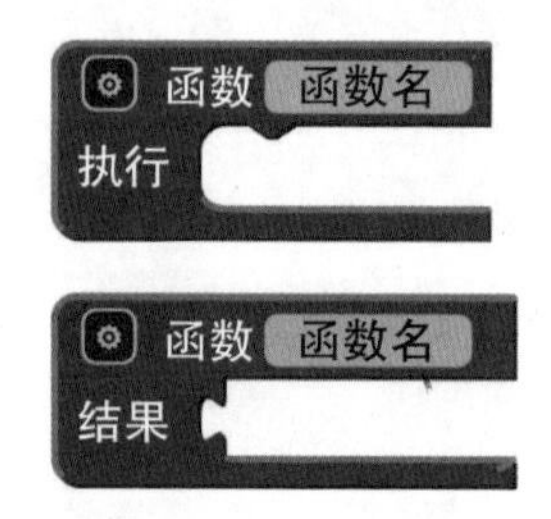

如果在组件设计器添加了工具或功能，那么原有 8 个模块下面就会显示添加的工具和可以控制功能的模块。利用这些模块，可以对添加的工具和功能进行编程。

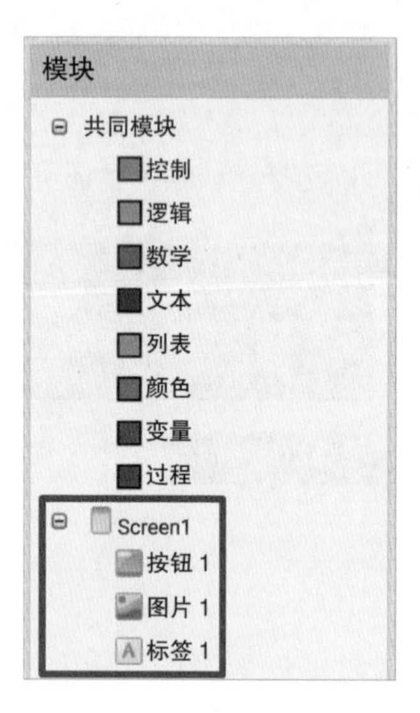

10.2 准备 App Inventor

下面开始使用 App Inventor。

01 使用 App Inventor 之前，需要注册谷歌账号。打开谷歌首页，点击右上角【登录】按钮。跳转页面后，点击下方“创建账户”并输入相应信息。

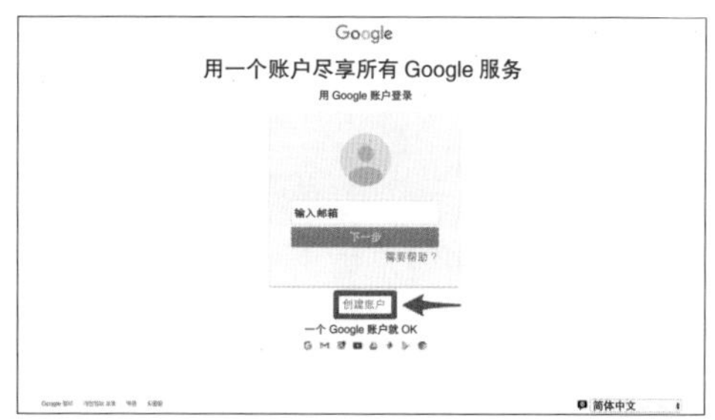

02 注册完毕后，访问 App Inventor。如果有多个谷歌账号，会出现账号选项，选择一个用于 App Inventor，并点击【允许】。读者不必担心，App Inventor 仅通过谷歌账号使用邮箱地址，此外不会使用密码或其他个人信息。

03 第一次进入 App Inventor，会出现如图所示窗口，点击 Continue。

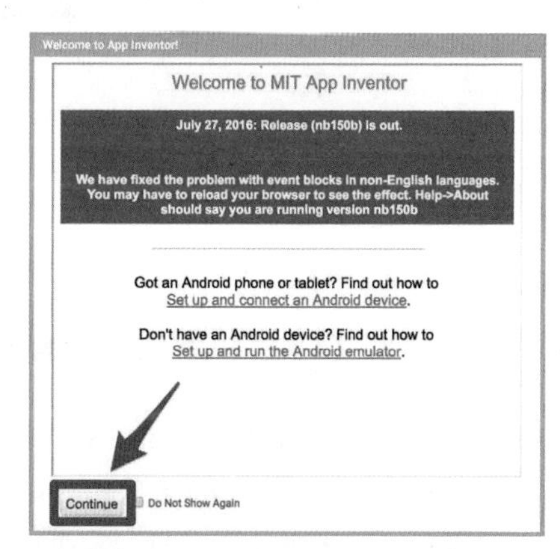

04 APP Inventor 的默认语言为英语。为了方便操作，需要将语言改为中文。点击右上侧菜单中的 English。

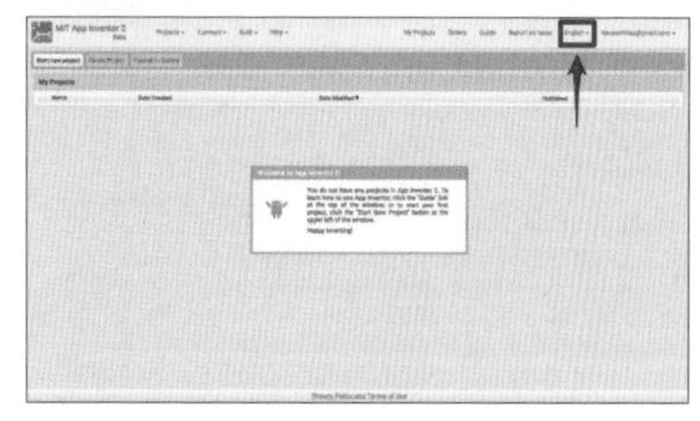

05 在语言菜单中选择“简体中文”，画面中的菜单和其他信息就会以中文显示。

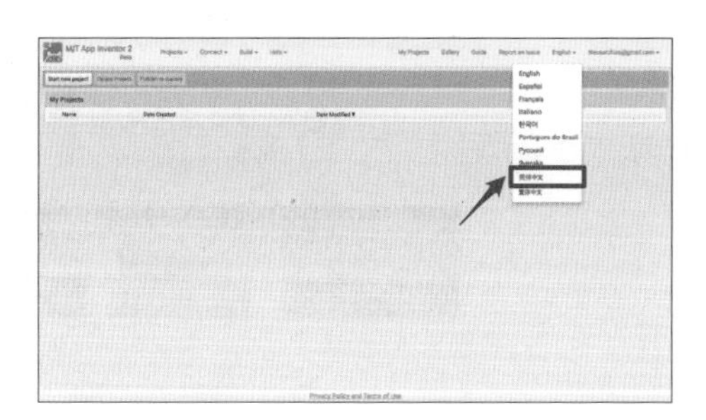

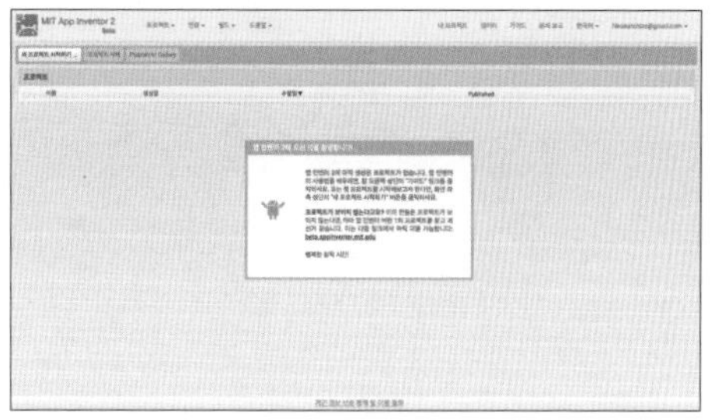

06 接下来新建一个项目，使其成为智能手机App。点击【新建项目】按钮。

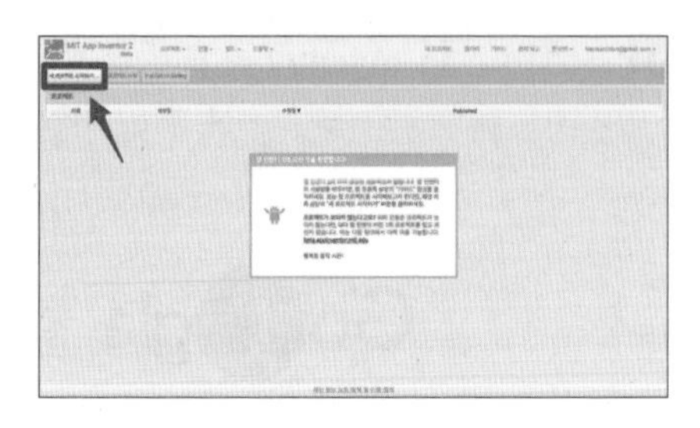

07 随后出现如图所示窗口，要求输入项目名称。项目名称仅支持英文和数字，且不可以空格。我将项目命名为 HelloAndroid。

08 生成项目后跳转到设计区域，在此区域为 App 添加工具和功能。

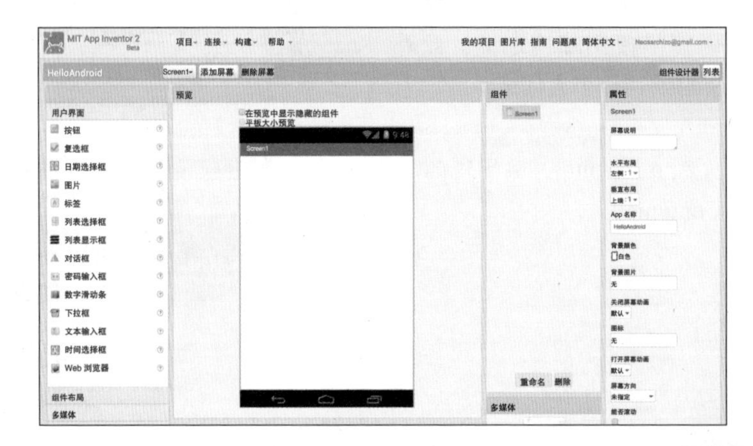

09 接下来设置要连接 App Inventor 的 Android 设备。首先在 Android 设备的 Google Play 搜索 MIT AI2 Companion 并安装。此 App 负责连接 App Inventor 和 Android 设备。

10 重新回到 PC 上的 App Inventor，选择【连接】-【添加屏幕】菜单。

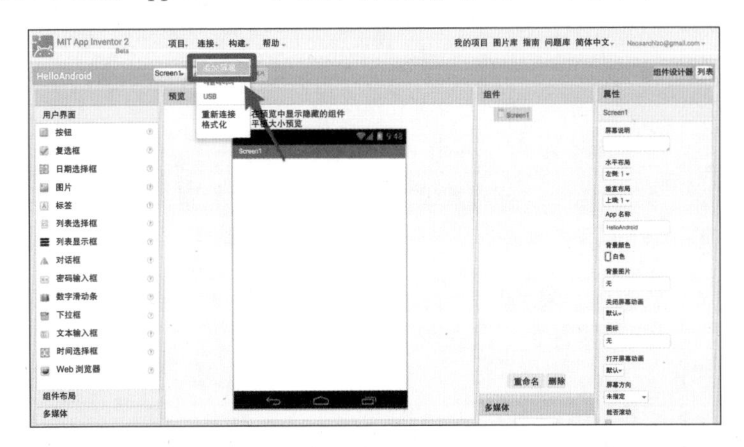

11 随后弹出“连接到 Companion”窗口，此处有该项目的二维码及 6 位编码。步骤 9 中安装的 App 就利用该编码连接 App Inventor。

12 如要连接 Android 设备和 App Inventor，需要使其处于同一网络环境。例如，如果家中有路由器，就要让 PC 和 Android 设备连接同一个路由器。符合上述情况即可运行手机 App。

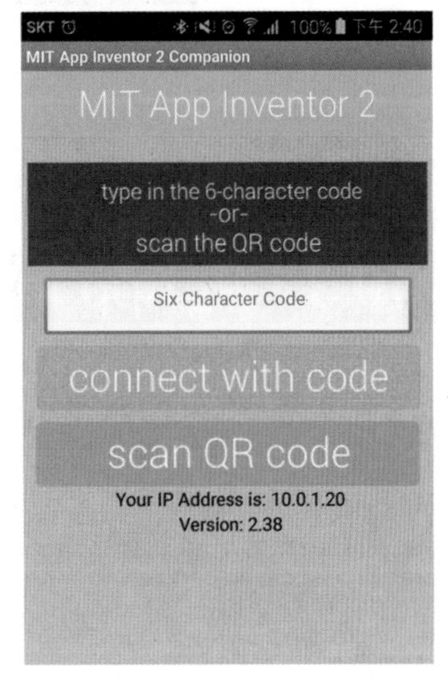

提示 连接 App Inventor 有两种方法：一种是在 Six Chracter Code 输入上一个步骤中的 6 位编码，并点击 connect with code 按钮；另一种方法是点击 scan QR code 按钮，用扫描二维码的方式进行连接。读者可以任选一种。

13 连接成功后，App Inventor 工作面板画面就会显示到 Android 设备。

14 双方处于连接状态下，App 会对工作面板的情况进行实时更新。如果在 App Inventor 的工作面板添加组件，Android 设备的画面上也会出现相同组件。

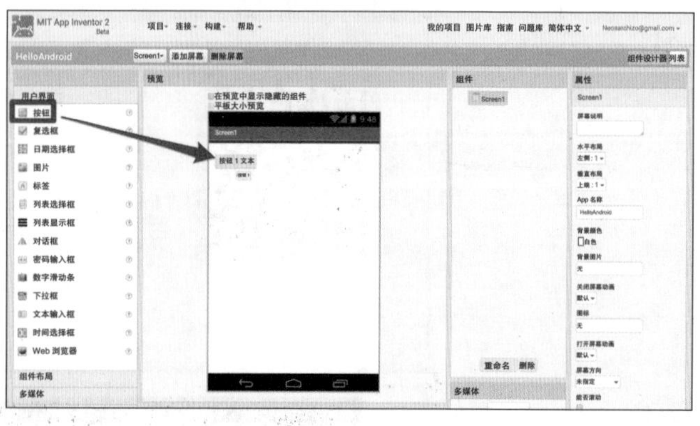

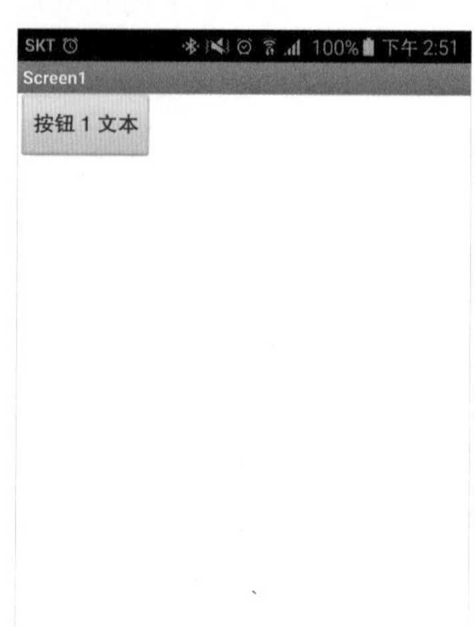

10.3 用 App Inventor 制作连接蓝牙的 App

接下来，用 App Inventor 制作 App，使 Arduino 和蓝牙进行通信。打开 App Inventor，根据如下顺序逐一操作。如果读者认为太难，或想看已完成的作品，可以直接参考 BluetoothChat 页面。

01 点击【新建项目】按钮，新建一个项目，并将项目名改为 BluetoothChat。

02 在【组件面板】-【组件布局】菜单中，将“水平布局”拖曳至工作面板。“水平布局”用于水平排放工具。

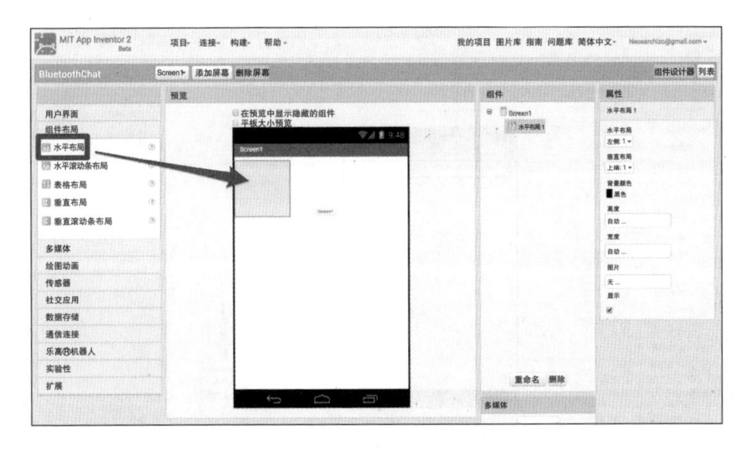

03 将添加“水平布局”（水平布局 1）的宽度属性设为“充满”，表示将“水平布局 1”的宽度充满屏幕。在组件列表可以看到 Screen1 中添加了“水平布局 1”。“水平布局 1”附属于 Screen1，所以 Screen1 可以称为“水平布局 1”的“父母”。这个“充满”意为，使“水平布局 1”的宽度与 Screen1 的宽度一致。点击【确认】，“水平布局 1”的宽度就会与 App 画面的宽度一致。

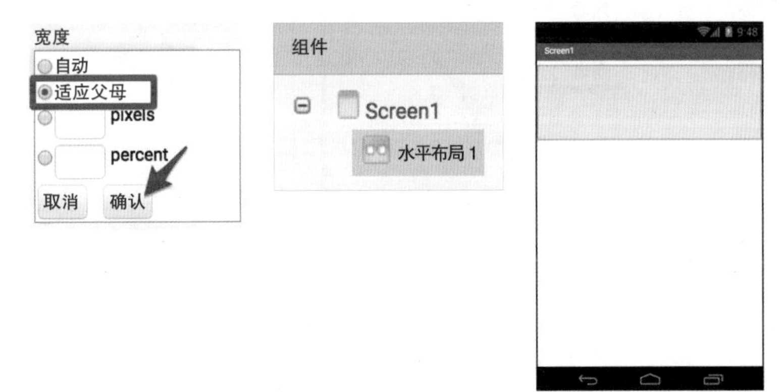

04 在【组件面板】-【用户界面】菜单中，将“列表选择框”拖曳至“水平布局 1”。“列表选择框”用于在众多选项中选择自己需要的选项。

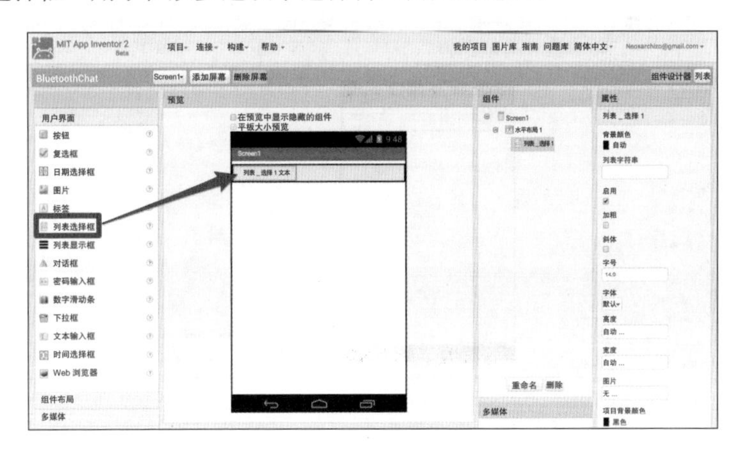

05 修改添加“列表选择框”（列表 _ 选择 1）的名称。在“组件”列表部分选择“列表 _ 选择 1”，并点击下方的【重命名】按钮。

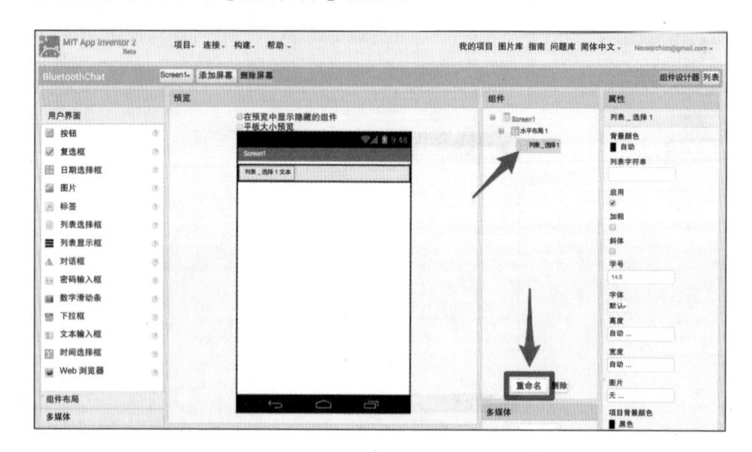

06 出现更改组件名称的窗口后，在新名称的文本框中输入列表 _ 蓝牙，点击【确认】按钮。输入名称时不可以留有空格。修改该组件的名称是为了之后在模块编辑器制作程序代码时，方便辨认组件。

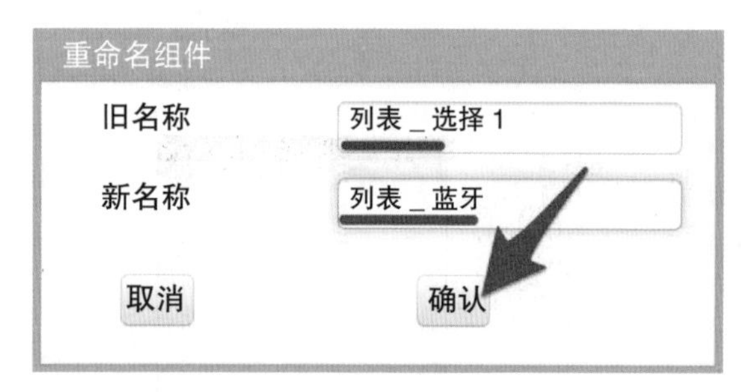

07 将列表 _ 蓝牙的文本属性改为“连接”。

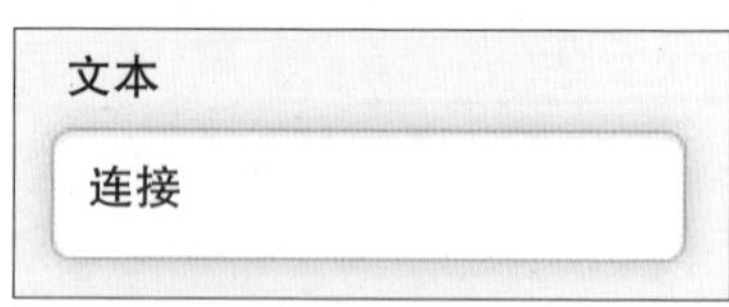

08 在【组件面板】-【用户界面】菜单中，将“按钮”拖曳至“水平布局 1”。

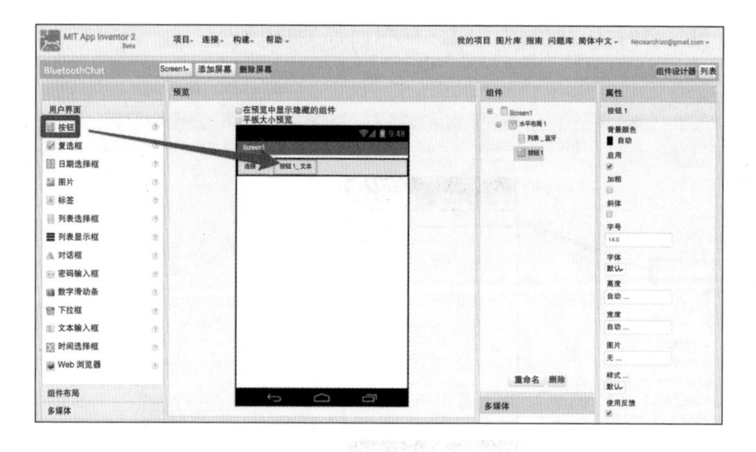

09 将添加“按钮”（按钮 1）的名称改为“按钮 _ 断开连接”，并将文本属性改为“断开连接”。在【组件面板】-【组件布局】菜单中，将“水平布局”拖曳至“水平布局 1”。

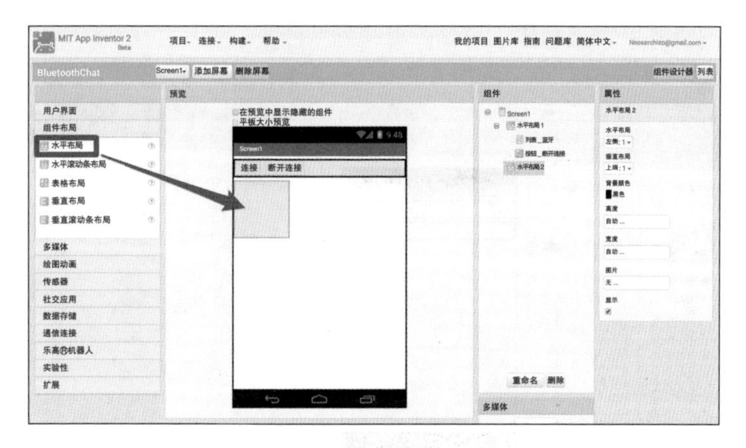

10 将添加“水平布局”（水平布局 2）的宽度属性设为“充满”，并在【组件面板】-【用户界面】菜单中，将“文本输入框”添加至“水平布局 2”。用户通过“文本输入框”输入文字。

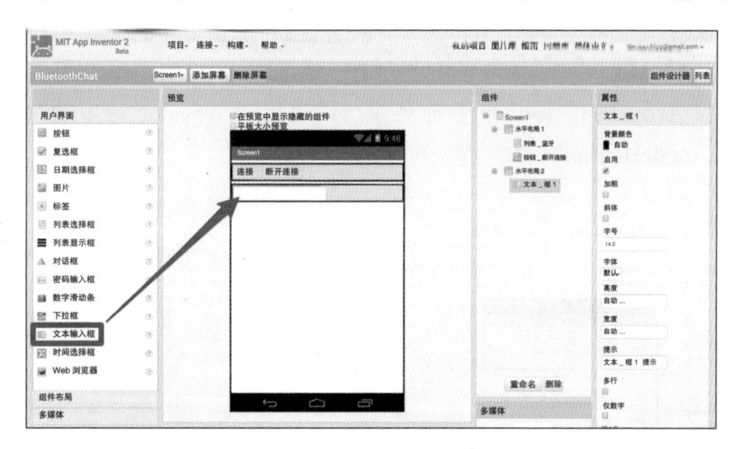

11 将添加的“文本输入框”（文本 _ 框 1）的名称改为“文本 _ 框 _ 内容”，并将提示（hint）属性改为“输入文字”。文字属性值为空时，通过设置提示属性，可以使文本框中出现浅色文字，提示用户需要输入的内容。最后将宽度属性设为“充满”。在【组件面板】-【用户界面】菜单中，将“按钮”拖曳至“文本 _ 框 _ 内容”的右侧。

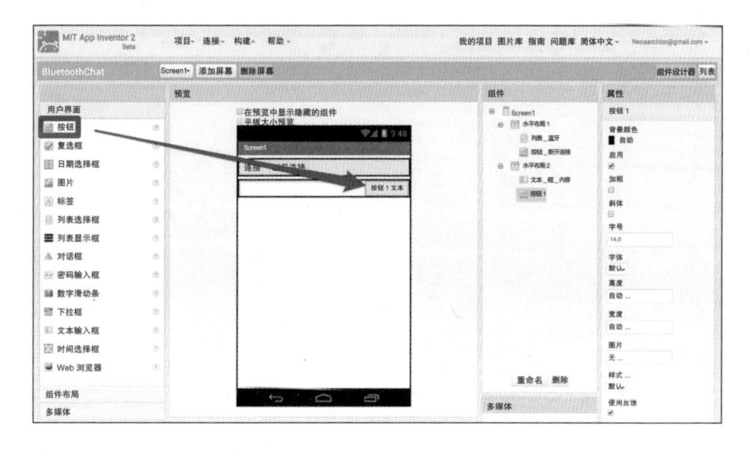

12 将添加“按钮”（按钮 1）的名称改为“按钮_传送”，并将文字属性改为“传送”。在【组件面板】-【用户界面】菜单中，将“标签”添加至“水平布局 2”的下方。标签是显示文字的组件，用于设置想要显示的文字。

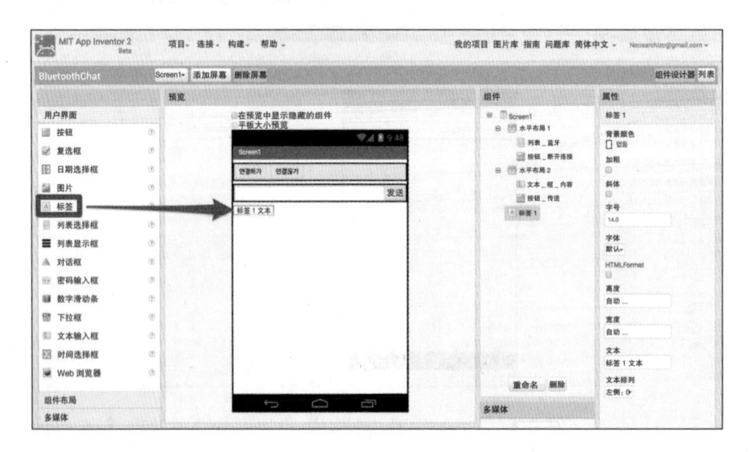

13 将添加“标签”（标签 1）的名称改为“标签_显示”，并将文字属性设为空白，将宽度属性设为“充满”。在【组件面板】-【传感器】菜单中，将“时钟”拖曳至工作面板的任一处，随后“时钟”就会显示在工作面板下方的隐藏的组件部分。时钟在某些方面与 Arduino 的 loop 函数循环执行代码相似，它会以特定的时间间隔循环某一个事件，此处用于随时查看蓝牙接收的值。

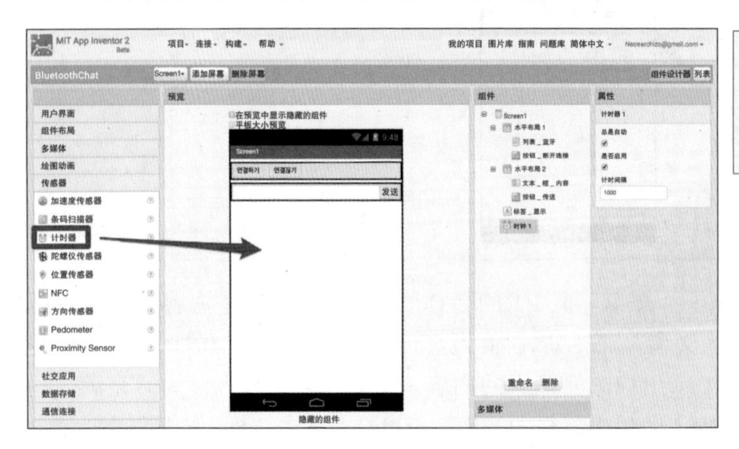

14 在【组件面板】-【用户界面】菜单中，将“对话框”拖曳至工作面板的任一处。对话框用于在 App 显示信息，和“时钟“一样，添加后会出现在工作面板下方的“隐藏的组件”部分。

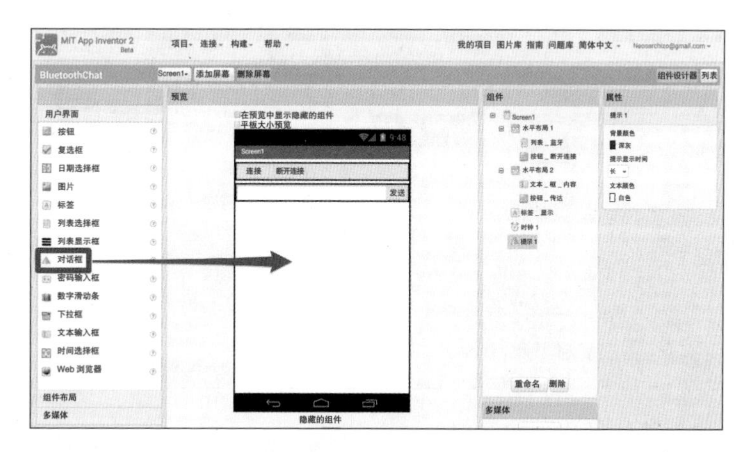

15 在【组件面板】-【通信连接】菜单中，将“蓝牙客户端”拖曳至工作面板的任一处，用于进行蓝牙通信。“蓝牙客户端”的下方是“蓝牙服务器”。如果要将 Arduino 连接到运行 App 的 Android 设备，就要使用“蓝牙客户端”。添加后，“蓝牙客户端”就会出现在“隐藏的组件”部分。

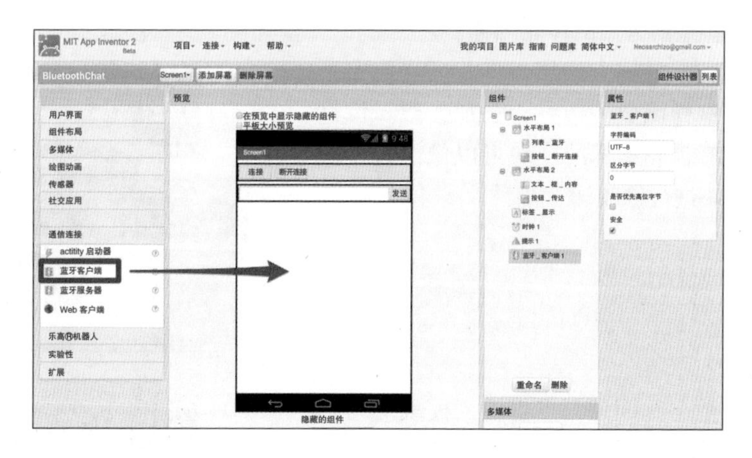

> 提示 “蓝牙客户端”和“蓝牙服务器”的区别在于，双方在蓝牙通信时试图连接的设备不同。“蓝牙客户端”试图连接运行 App 的 Android 设备，“蓝牙服务器”则试图连接其他设备。

16 “按钮 _ 断开连接”的启用属性中有一个复选框，在此取消勾选。因为“按钮 _ 断开连接”仅在之后连接蓝牙时使用，所以一开始以取消勾选的方式禁用按钮。

启用

> 提示 “启用”表示用户可以使用。如果不勾选复选框，则无法使用此按钮。

17 从【共同模块】-【过程】菜单，以拖曳方式添加如图所示的模块。利用这些模块制作专属于自己的函数。

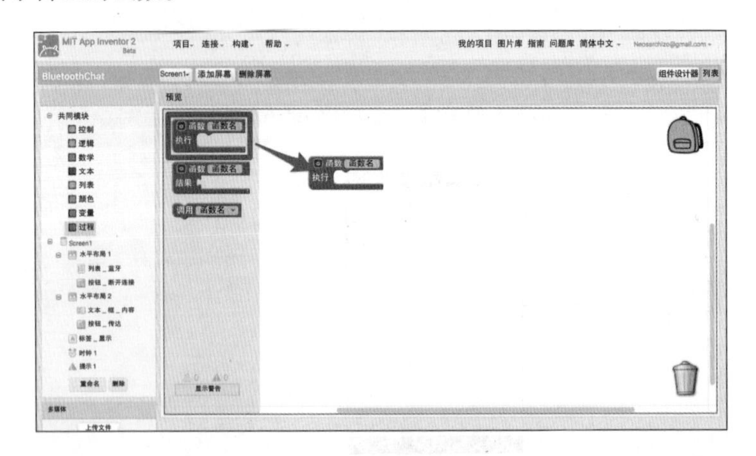

18 点击所添加函数的名称部分，将名称改为“输出”。此模块用于在“标签_显示”组件显示文字。之前在 Arduino 中使用函数时出现了参数，此处的函数模块也可以使用参数。点击旁边的齿轮图标。

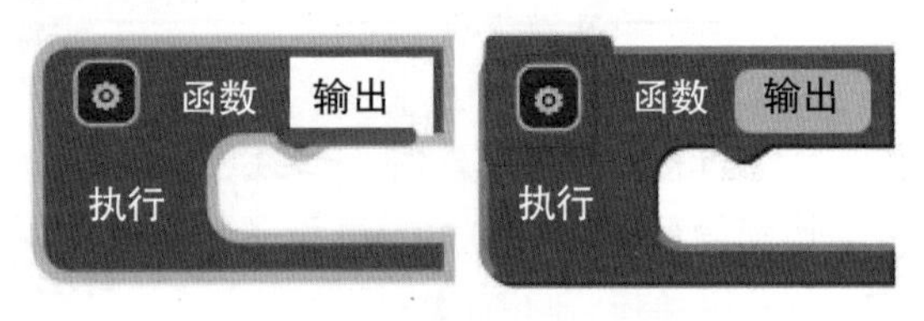

19 出现如图所示的输入模块，将此模块拖曳至输入项，这样函数旁边就会添加参数。像这样，左边有齿轮图标的模块可以像函数模块一样对模块进行修改。

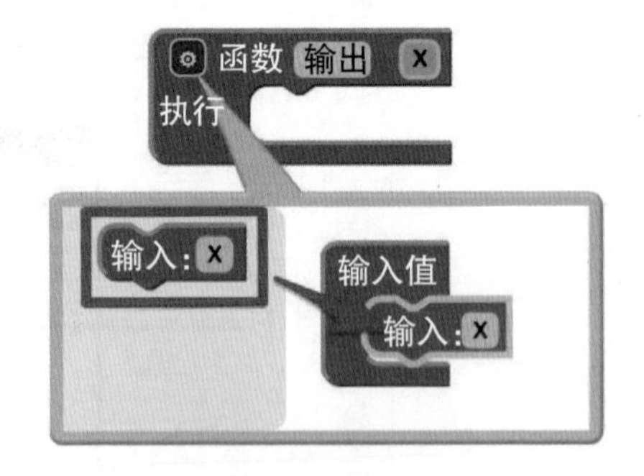

20 与修改函数名称同理，点击输入模块的名称部分即可修改。将名称改为“内容”，这样就可以用“内容”这个名称控制输出模块的参数。

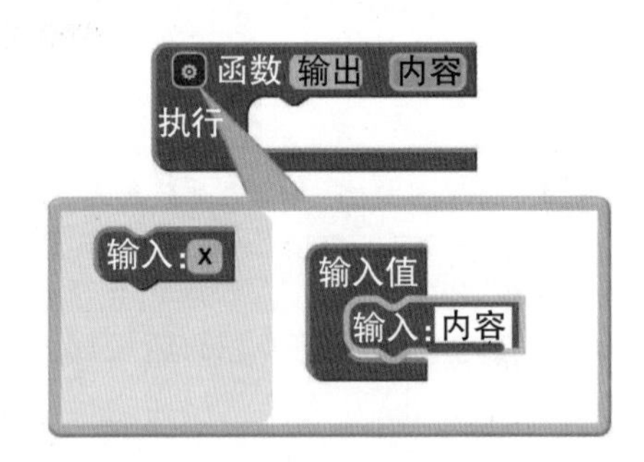

21 在“标签 _ 显示”将如图所示的模块拖曳至输出函数模块。与工具或功能相关的模块可以在内置模块下进行选择。此模块负责设置“标签 _ 显示”的文本属性。

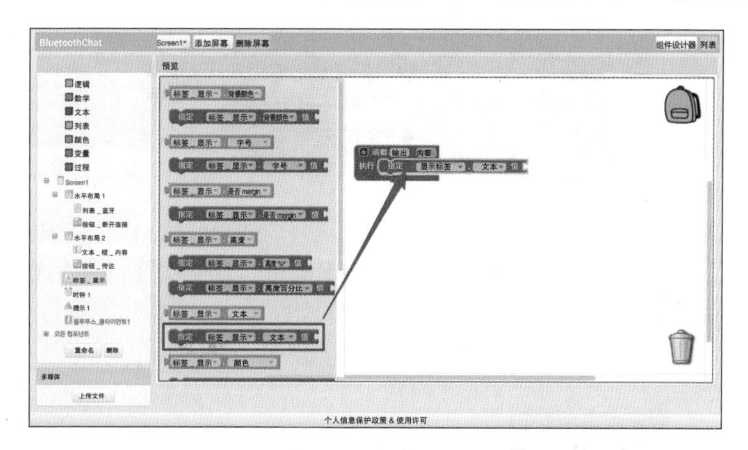

22 如下图所示组装模块。

23 将鼠标的光标放在参数模块“内容”上方，就会出现与参数相关的模块。在此拖曳“取值”模块，并如图所示进行拼接。“取值”模块用于调用参数模块的值，“设置”模块则用于替换参数模块的值。完成拼接并执行输出过程，“显示 _ 标签”就会显示参数“内容”中的值。如果上面已有显示的文字，其下方会显示新的文字。

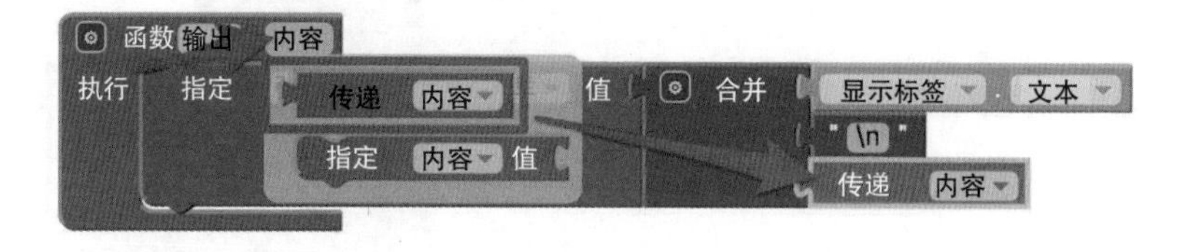

24 虽然 App Inventor 可以用模块轻松制作项目，但它也存在缺点。制作项目时，拼接的模块可能会溢满整个屏幕。为了应对这种情况，该软件可以将组装的模块进行折叠处理。在模块上点击右键，出现如下菜单，选择“折叠模块”即可。接下来的每一步中，请将组装好的模块如图所示进行折叠。

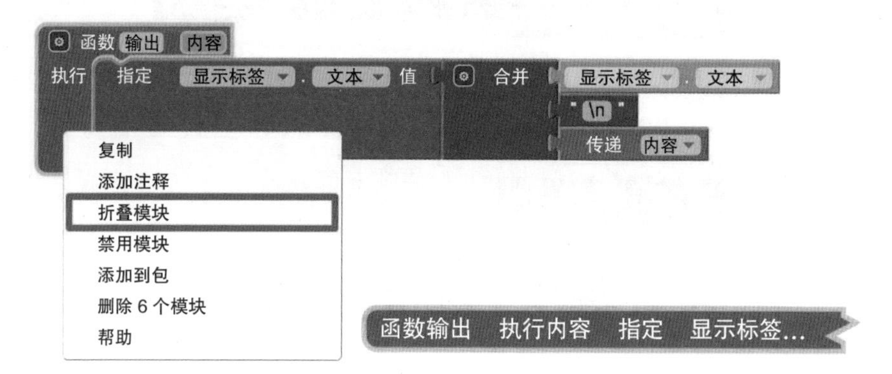

25 如图所示组装模块。

26 组装模块时，有时会重复使用相同模块。为了方便起见，使用“复制”选项。在“传递真假”模块上点击鼠标右键，出现如下菜单。点击“复制”生成相同模块，将此模块插接到下面的模块。“已连接”函数根据蓝牙连接状态设置“按钮 _ 发送”“列表 _ 蓝牙”“时钟 1”“按钮 _ 断开连接”等的启用属性。

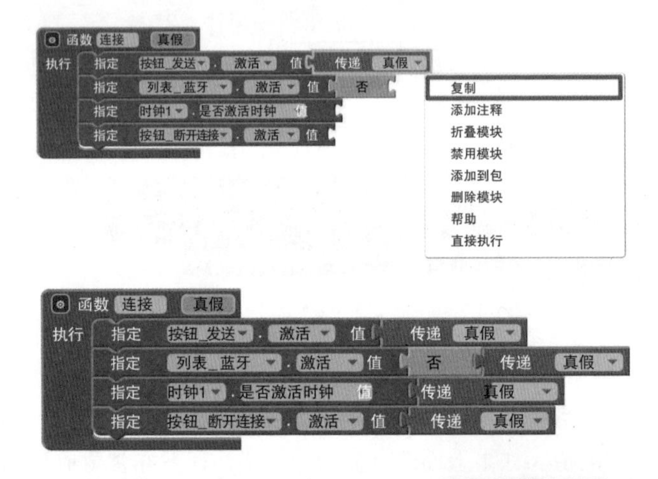

27 如图所示组装模块。执行“断开连接”过程模块，在“显示 _ 标签”显示“已断开连接”，从而断开蓝牙连接。随后参数变为“假”，并执行“已连接”过程模块。

28 如图所示组装模块。执行“发送”模块，参数“消息”的值就会发生至蓝牙设备。

29 如图所示组装模块。点击“按钮 _ 发送”时会执行该模块，用“发送”过程模块将“文本 _ 框 _ 内容”中的字发送至蓝牙设备，并清除“文本 _ 框 _ 内容”中的字。

30 如图所示组装模块。该模块在启用“时钟 1”后反复执行。在设计器中，“时钟 1”的计时间隔为 1000，以 ms 为单位，表示反复执行该模块的时间间隔。也就是说，该模块每间隔 1 s 就要反复执行。此处需要注意，如果没有启用“时钟 1”，则该模块无法执行。执行该模块后，即可确认是否有数据进入蓝牙。如果有，就会从蓝牙外接收数据，并将数据显现在“显示 _ 标签”上。

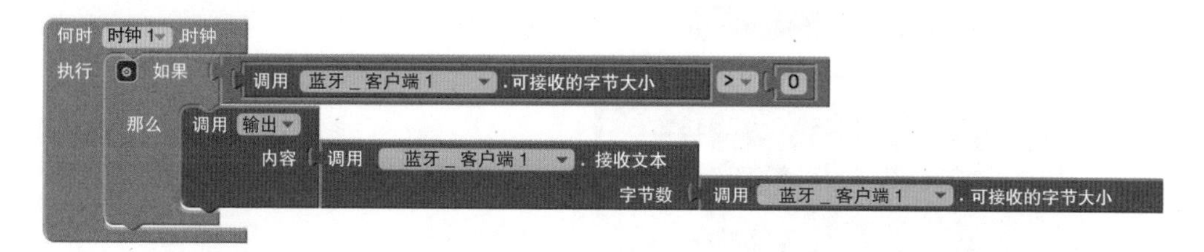

31 如图所示组装模块。在点击“列表 _ 蓝牙”时执行该模块，将周围所有蓝牙设备的列表设置为“列表 _ 蓝牙”，并且会在蓝牙关闭状态下出现“请激活蓝牙”的提示。该模块正常执行且备好所有列表的情况下，软件中就会显示列表。

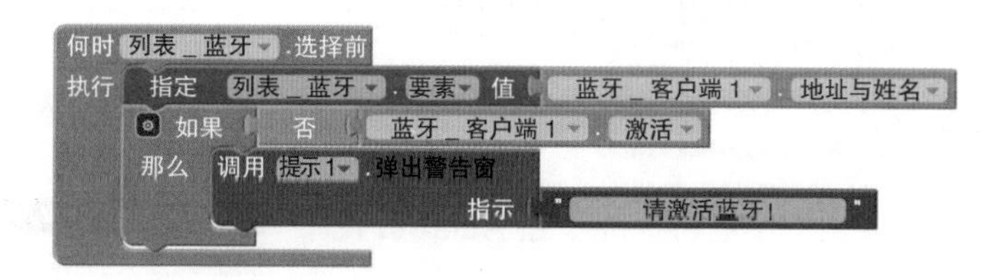

32 如图所示组装模块。点击“列表 _ 蓝牙”并选择列表，便会执行该模块，“显示 _ 标签”显示文字，说明正在试图连接所选择的蓝牙设备。成功连接蓝牙后，参数变“真”，并执行所连接的过程模块。随后会在“显示 _ 标签”显示“已连接”的文字信息。

33 如图所示组装模块。点击“按钮 _ 发送”时执行该模块，并断开蓝牙连接。

34 如图所示组装模块。软件中出现错误时，执行该模块，将错误的相关信息显示到“显示_标签”。如果错误代码是 516，则表示其他蓝牙设备断开连接，所以会发出“对方已断开连接”的提示，并执行“断开连接”过程模块。如果错误代码是 507，便表示无法连接所选设备，所以会发出“请确认设备是否打开”的提示。

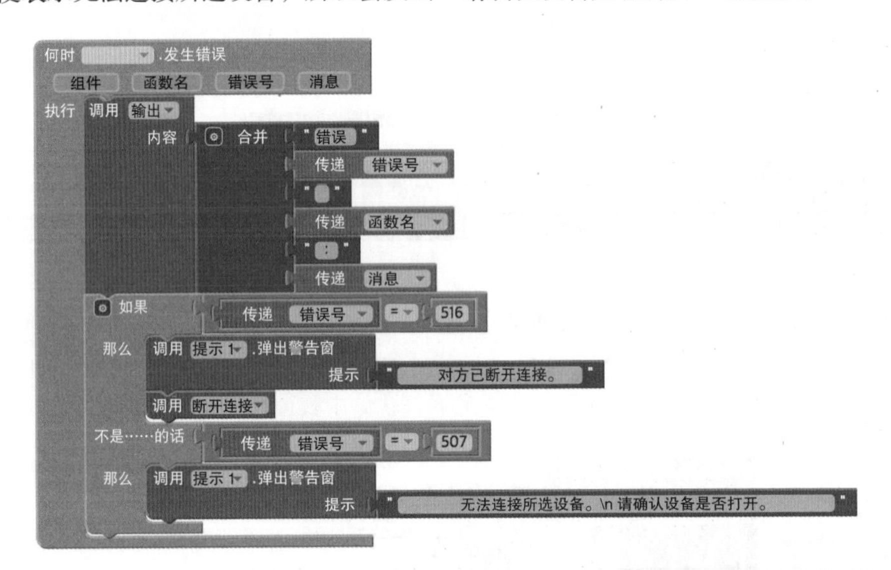

35 制作过程到此结束，下面运行 App。在 Android 设备运行 MIT AI2 Companion，并连接 App Inventor。连接成功后点击【连接】按钮，使 Arduino 和蓝牙进行通信。

36 如果 Android 设备没有打开蓝牙功能，手机屏幕就会出现如下信息。此时选择打开蓝牙，并重新点击【连接】按钮。

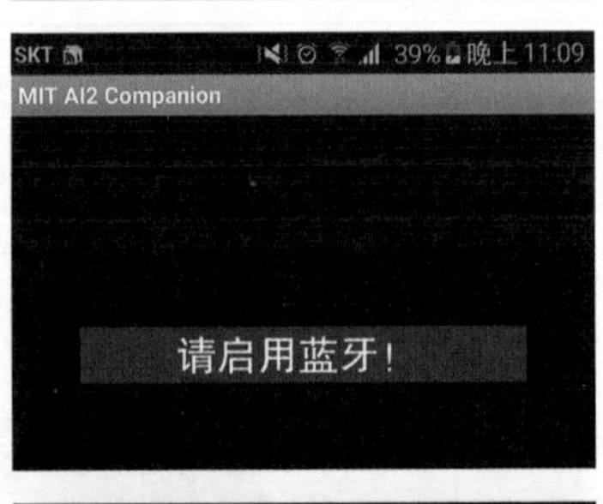

37 打开蓝牙后重新进入页面，可以看到蓝牙设备列表。在列表中选择与 Arduino 连接的蓝牙。

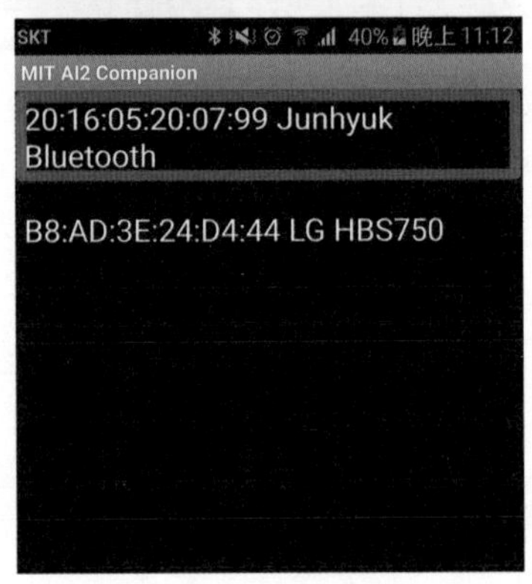

38 页面随后显示“已连接”，在此状态下向 Arduino 发送信息。首先在文本框中输入“Hello Arduino!”，然后点击【发送】按钮。这样，Arduino 上就会显示相同信息。

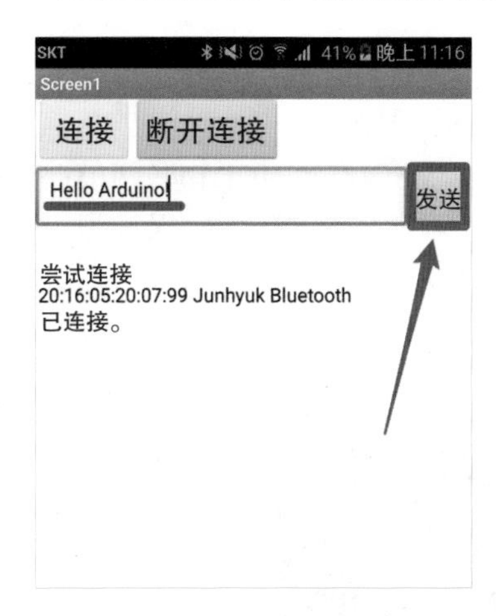

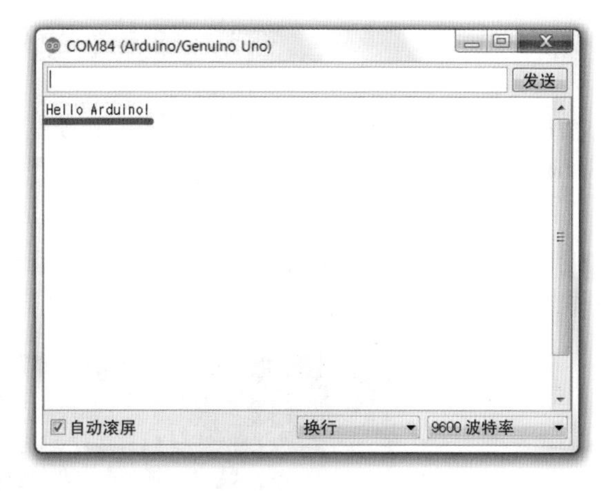

39 这次由 Arduino 向 Android 设备发送信息。首先在文本框中输入“Hello App Inventor!”，然后点击【发送】按钮。这样，App 上就会显示 Arduino 发送的信息。

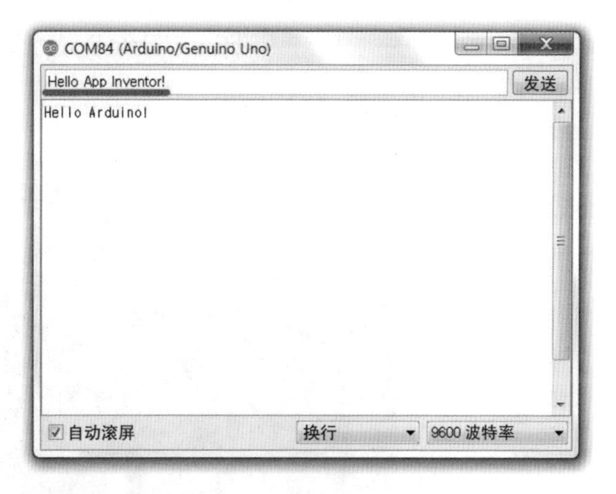

提示 每次运行 App 时，都要将 Android 设备连接到 App Inventor，很麻烦吧？读者可以直接安装自己制作的 App。点击【打包 apk】–【打包 apk 并显示二维码】菜单，可以用二维码设置 App；点击【打包 apk】–【打包 apk 并保存到计算机】，可以下载 App 的 APK 安装包。

Bluno：拥抱蓝牙的 Arduino

之前向读者介绍了一款低能耗蓝牙——智能蓝牙（蓝牙 4.0）。由于物联网最近比较盛行，所以很多地方都开始使用智能蓝牙，比如健身、可穿戴设备、医疗保健等领域的设备。我们连接 App Inventor 时使用的蓝牙并不是智能蓝牙，而是常规蓝牙。那么，该如何利用 Arduino 开发智能蓝牙呢？在此，向大家推荐中国企业 DFRobot 制作的内置智能蓝牙——Bluno。

Bluno 的名称和外形都与 Arduino UNO 十分相似。由于 Bluno 也是 Arduino 的兼容板，所以在使用方法上也与 Arduino UNO 一致。如果想用智能蓝牙进行通信，只需使用 Serial 库。

最有趣的是，Bluno 的种类十分多样。市面上不仅有神似 Arduino UNO 的 Bluno，还有神似 Arduino MEGA 和 Arduino NANO 的 Bluno MEGA 和 Bluno NANO。不仅如此，还有一款 SD 卡大小的 Bluno Beetle 开发板。

在 ICT DIY 论坛 YouTube 页面可以看到我拍摄的 Bluno 讲座。如果想用 Arduino 开发智能蓝牙，请一定尝试使用 Bluno。

第11章

Arduino 遥控模型车，出发!

11.1 组装遥控模型车

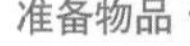

准备物品

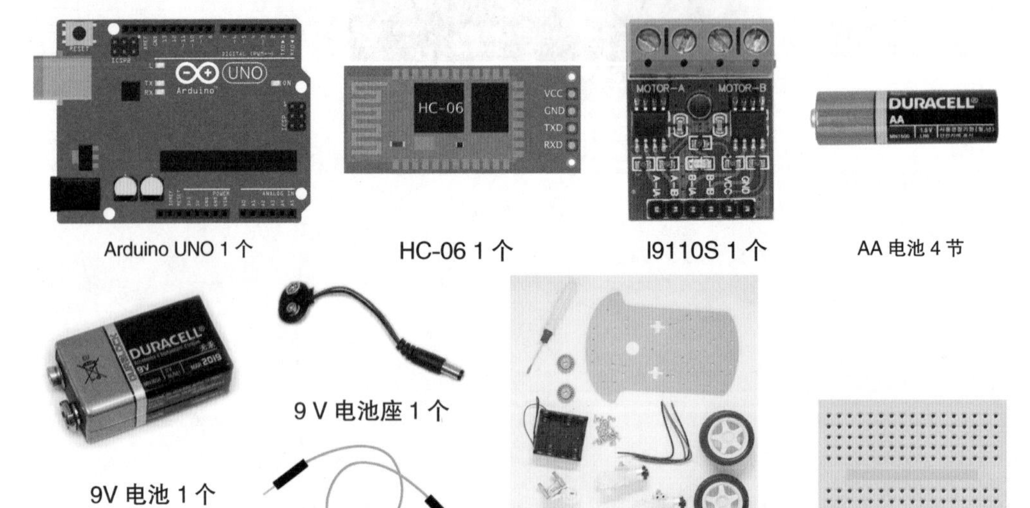

Arduino UNO 1 个　HC-06 1 个　I9110S 1 个　AA 电池 4 节

9V 电池 1 个　9 V 电池座 1 个　公对公跳线 17 根　2WD 移动机器人底盘套装 1 个　迷你面包板 1 个

下面用Arduino制作一辆遥控模型车，通过Arduino设备对其进行控制。首先用Arduino和2WD移动机器人底盘套装组装遥控模型车，随后将所需的遥控模型车库上传至Arduino，以使用蓝牙控制。最后，用APP Inventor制作一个控制App并连接到Arduino遥控模型车，对其进行控制。

制作Arduino遥控模型车时，需要使用2WD移动机器人底盘套装。该套装汇集了本次实验所需的配件，全球速卖通和Devicemart均有销售。偶尔会出现使用的底盘螺丝孔的位置或外形与书中不相符的情况，读者根据实际情况比对组装即可。

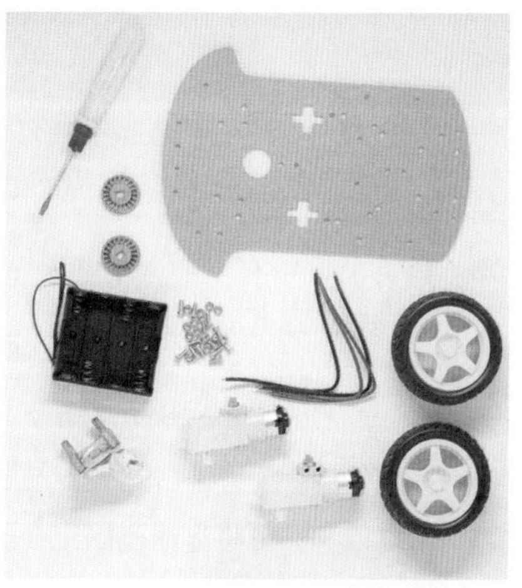

本节还需要用到L9110S电机执行器。电机执行器是控制电机速度和旋转方向的元器件，同样可以到全球速卖通购买。L9110S可以控制两个电机，所以也称作“双信道电机执行器”。连接电机时，要连接到蓝色部分，一边是A电机，另一边是B电机。器件下方有控制A电机的A-IA、A-IB引脚，以及控制B电机的B-IA、B-IB引脚。此处，标有IA的引脚设置相应电机的旋转方向，可以决定是顺时针还是逆时针；标有IB的引脚设置相应电机的旋转速度，可以决定电机静止还是以最快速度旋转。电机执行器特性各不相同，L9110S在使用直流电动机的情况下，需要连接6 V以下的电压，否则可能会因为电流过载而损坏元器件。此处使用4节1.5 V的AA电池就是为了将电压凑成6 V，向电机执行器供电。

下面根据图片逐步连接。

01 揭下亚克力底盘上粘着的一层褐色纸。

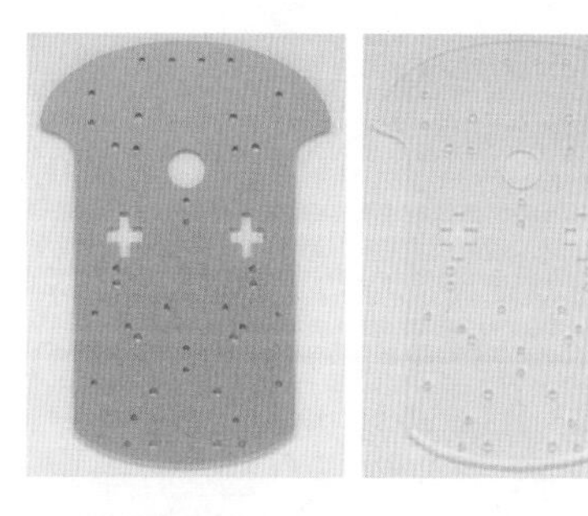

02 套装配件中有可以改变方向的轮子，将轮子装置在底盘前端，并用螺丝固定。

03 套装配件中有两个装有直流电动机的齿轮箱，将跳线焊接到直流电动机。此处为了区分，特意选用了 4 根不同颜色的线。

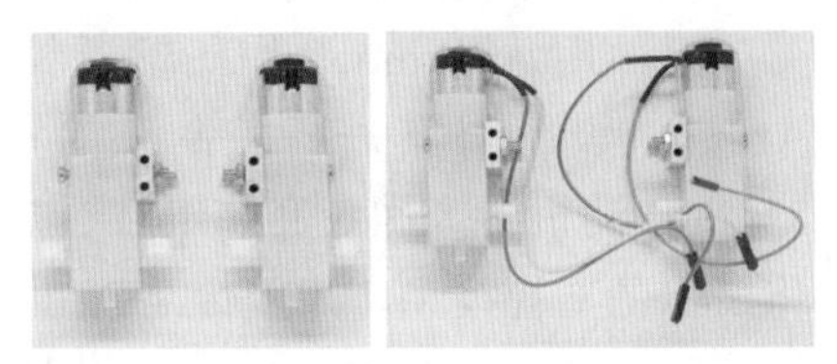

04 用螺丝将两个齿轮箱固定在底盘上。组装过程中请注意方向。

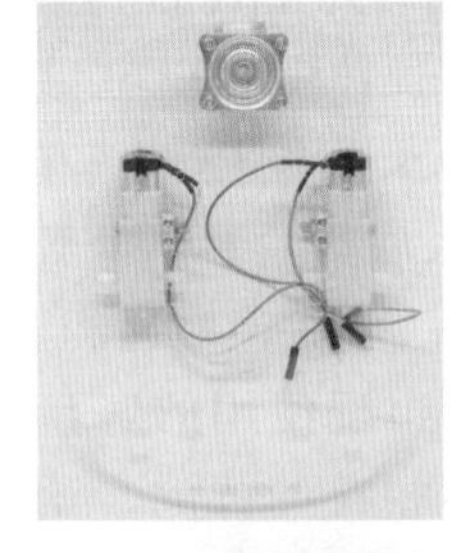
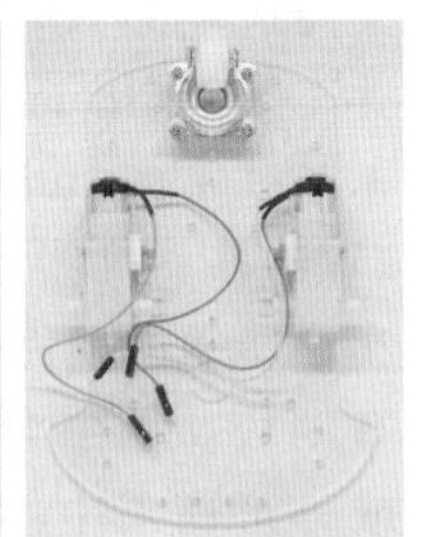

05 套装配件中有 1 个 AA 电池 ×4 电池座，将跳线焊接到电池座上。

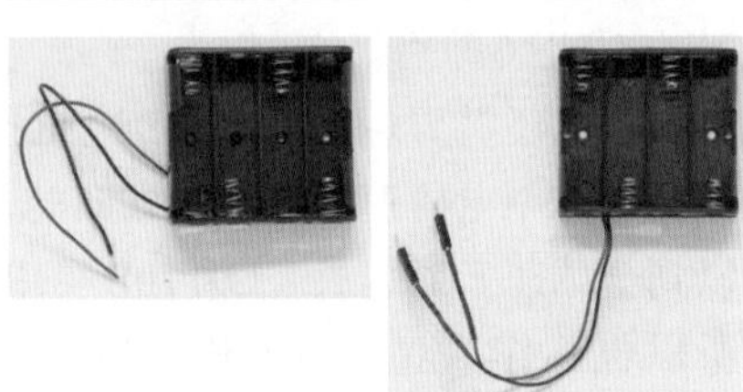

06 用螺栓和螺母将电池座固定在底盘上。

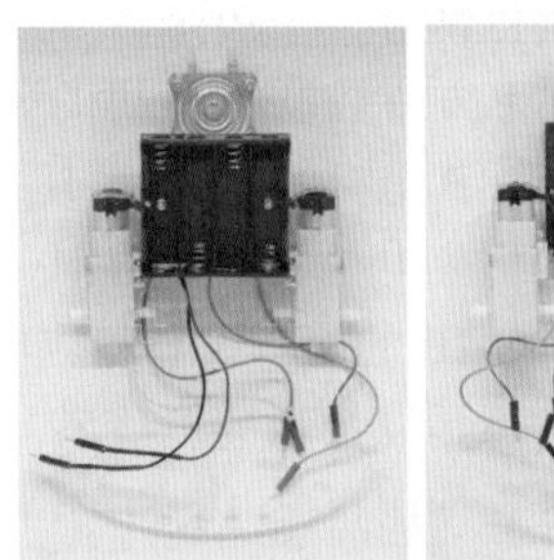
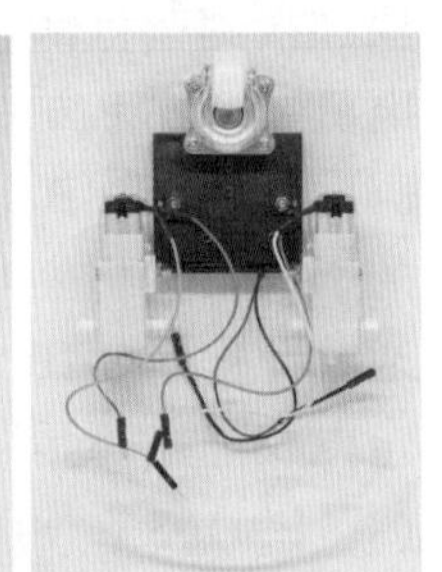

07 为了将 Arduino 板固定在底盘上，准备两个小螺栓、两个长螺栓和两个长螺母。

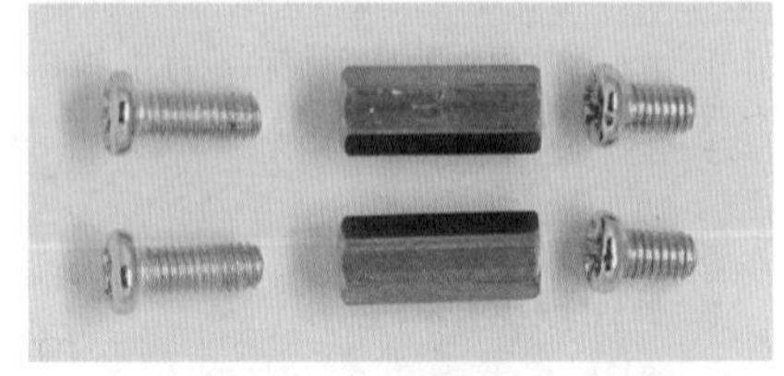

08 如图所示，通过 Arduino 的洞口拧紧两个小螺栓和两个长螺母。

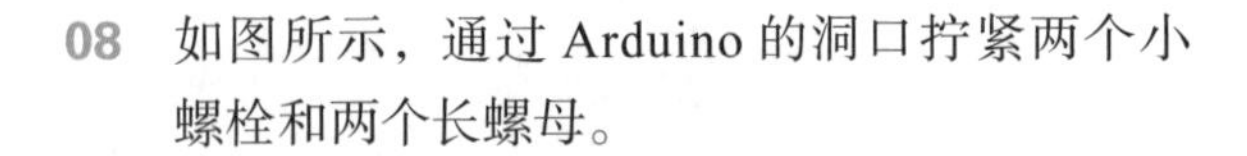

09 用两个长螺栓将 Arduino 板固定在底盘上。

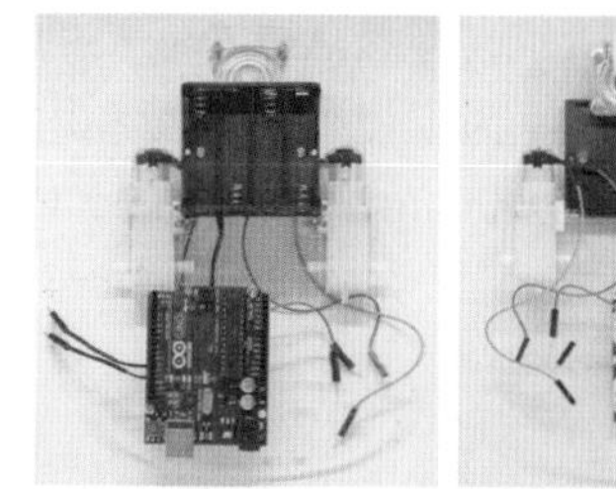
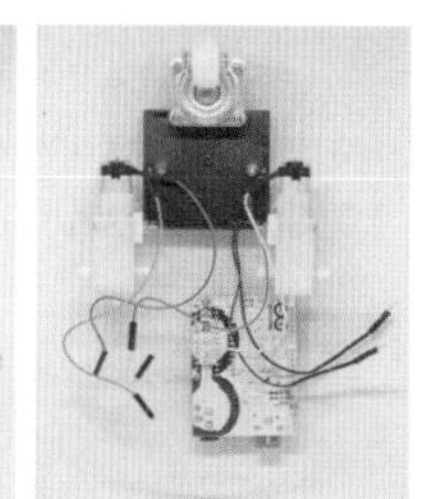

10 迷你面包板的底面粘有双面胶，撕开胶纸并粘贴在底盘上。

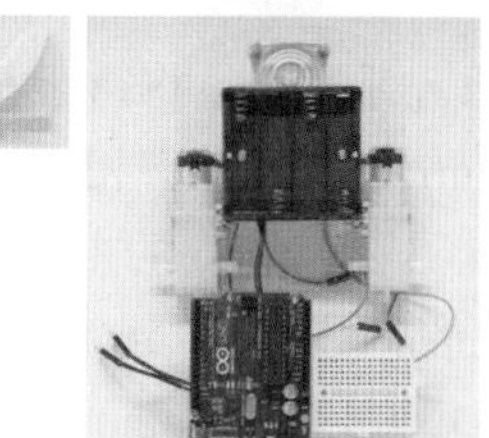
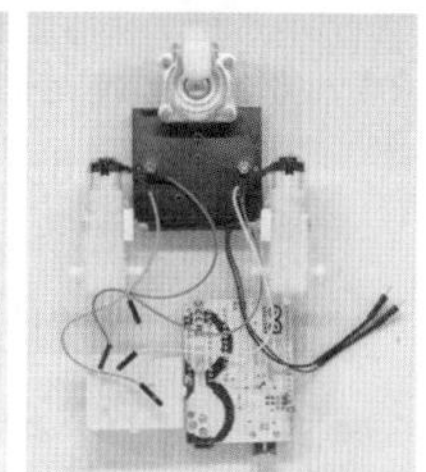

11 将焊接在直流电动机上的跳线穿过十字形状的洞口，并将轮胎插接到齿轮箱上。

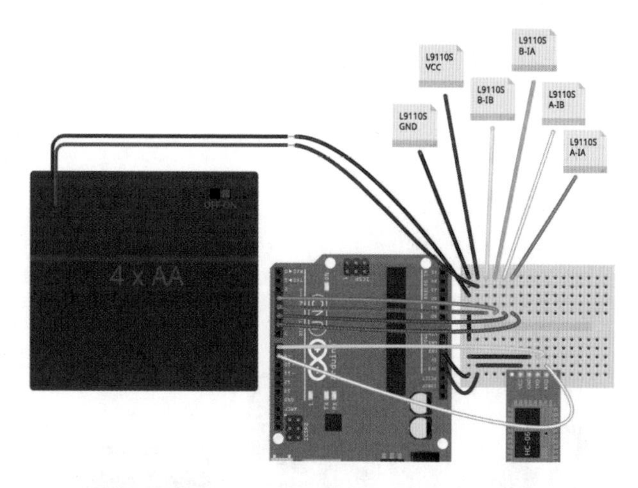

电路图11-1 Arduino 遥控模型车，出发!

12 如右图所示，将电池座的正负极插入洞口。

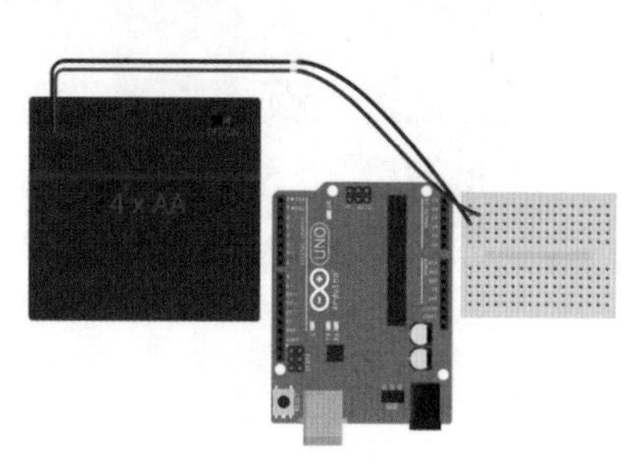

13 如图所示，连接 Arduino 板的电源引脚和接地引脚。为了使外接电源和电流流通，用跳线连接 Arduino 的接地引脚和电池座的负极。

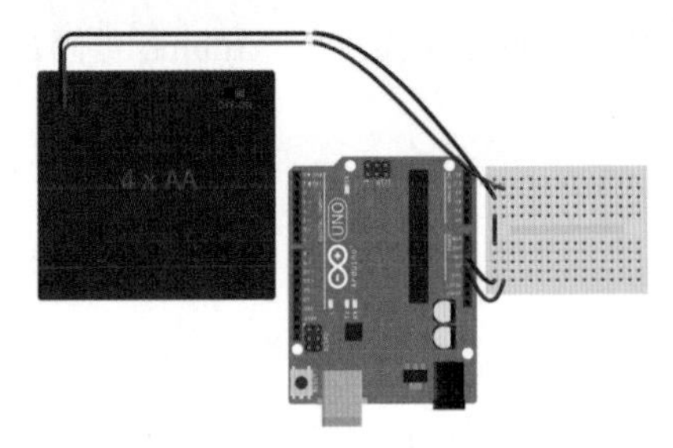

14 如图所示安插蓝牙模块。将蓝牙模块的接地引脚与 Arduino 的接地引脚相连，将蓝牙模块的电源引脚与 Arduino 的电源引脚相连。并将蓝牙模块的 TXD 连接至 Arduino 的 8 号引脚，将 RXD 连接至 Arduino 的 9 号引脚。

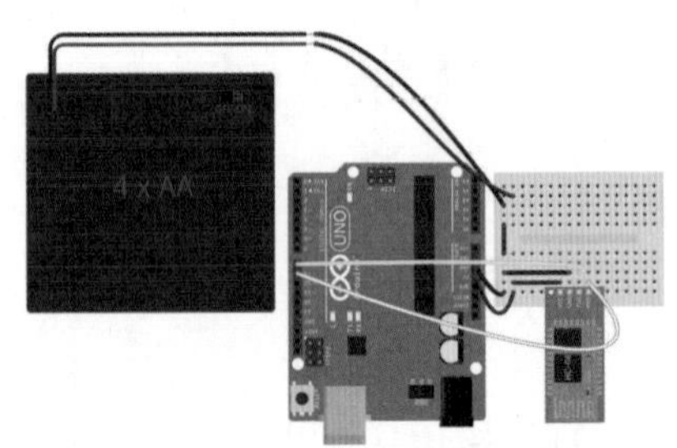

15 将电机的跳线插接在 L911OS 上。将左轮胎上面的跳线（橘黄色）插入 MOTOR–A 左侧，将左轮胎下面的跳线（黄色）插入右侧。将右轮胎下面的跳线（绿色）MOTOR–B 左侧，将右轮胎上面的跳线（蓝色）插入右侧。

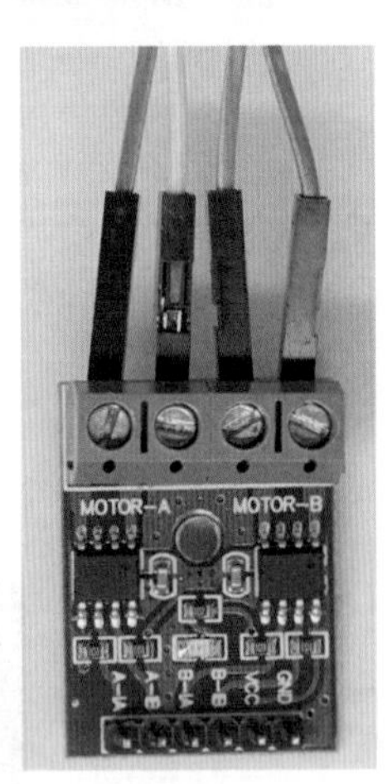

16 如图所示，将 L9110S 翻转插入迷你面包板。

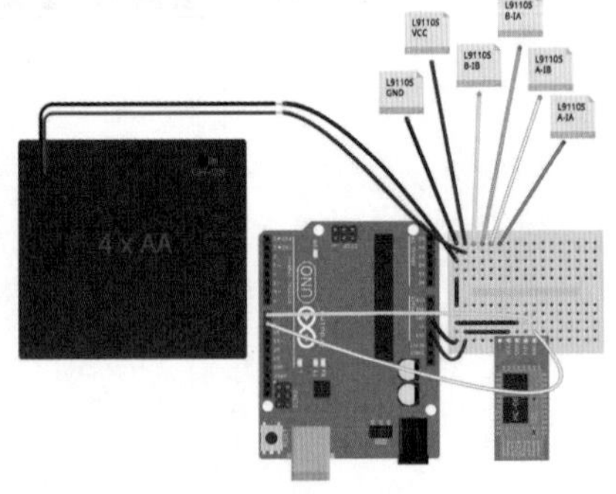

17 将 L9110S 的 B-IB 与 4 号引脚相连，B-IA 与 3 号引脚相连，A-IB 与 5 号引脚相连，A-IA 与 6 号引脚相连。

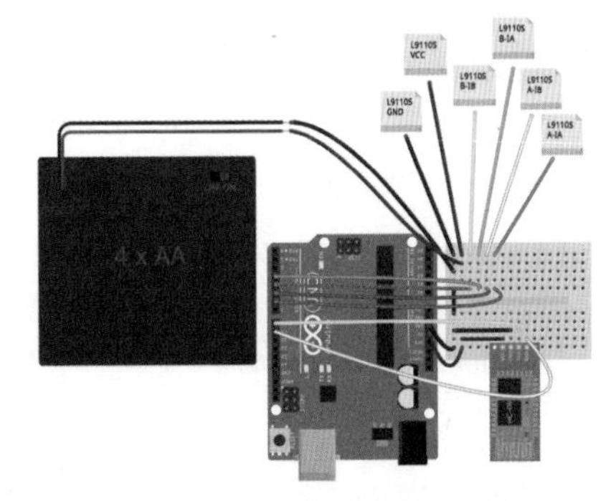

18 成品如图所示！

11.2 编写 Arduino 代码

为了让读者可以更轻松地控制遥控模型车，下面使用我自制的库进行 Arduino 编程。请根据如下顺序安装库。

01 要安装的库文件名为 MagicRC。下载 MagicRC 库并解压文件，随后生成 MagicRC-master 文件夹。将文件名改为 MagicRC。

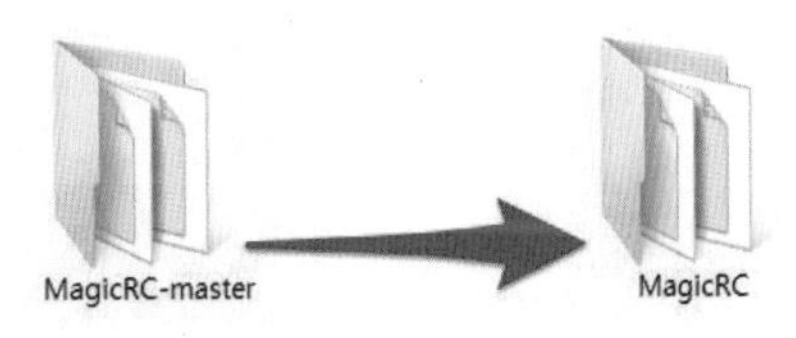

02 将 MagicRC 文件复制粘贴至 Arduino 库文件夹。在 Windows 系统下，Arduino 的库文件夹为【我的文档】-【Arduino】-【libraries】，在 Mac 系统下则是【Document】-【Arduino】-【libraries】。

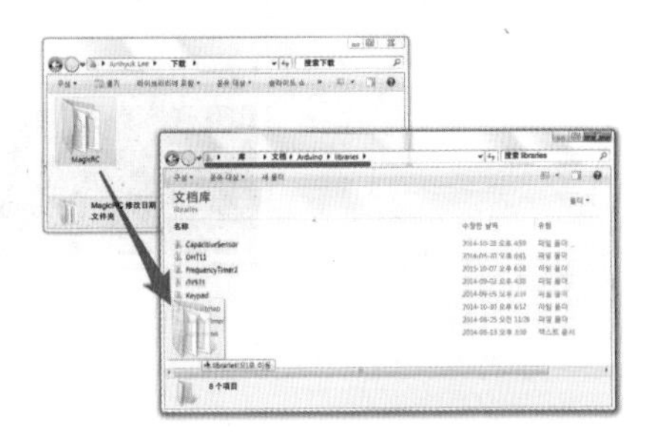

03 重启 Arduino IDE，【sketch】-【添加库】菜单中的 Contributed 库部分显示已添加 MagicRC 库。如代码 11-1 所示，编写 sketch 文档。

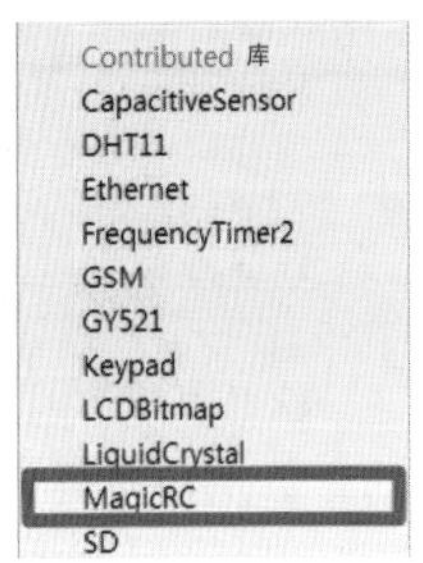

代码11-1 Arduino遥控模型车，出发！

```
1   #include <SoftwareSerial.h>
2   #include <MagicRC.h>
3
4   MagicRC myRC(8, 9, 3, 4, 5, 6);
5
6   void setup() {
7     myRC.begin(9600);
8   }
9
10  void loop() {
11    myRC.run();
12  }
```

我们直接使用示例代码。选择【文件】-【示例】-【MagicRC】-【RemoteControl】菜单。

sketch 文档十分简单。首先，第 4 行初始化 MagicRC 库变量。MagicRC 库变量接收的参数是两个可以实现蓝牙通信的 RX、TX 引脚号码，以及 4 个控制 L911OS 的引脚号码。根据前面连接好的 Arduino 引脚，向参数代入值。

函数说明

MagicRC()

初始化MagicRC库。

结构

MagicRC(RX, TX, B-IA, B-IB, A-IB, A-IA)

参数

RX：要用作RX的Arduino引脚号码。

TX：要用作TX的Arduino引脚号码。

B-IA：控制B电机旋转方向的Arduino引脚号码。

B-IB：控制B电机速度的Arduino引脚号码。

A-IB：控制A电机速度的Arduino引脚号码

A-IA：控制A电机旋转方向的Arduino引脚号码。

返回值

无

示例

MagicRC myRC = (8, 9, 3, 4, 5, 6);

//将8号引脚设为RX，将9号引脚设为TX。将3~6号引脚依次设为B-IA、B-IB、A-IB、A-IA。

第 7 行执行 MagicRC.begin 指令。由于 MagicRC 库中使用 SoftwareSerial 库，所以执行 MagicRC.begin 指令时，实际执行 SoftwareSerial.begin 指令。最后在第 11 行执行 MagicRC.run 指令。代码 11-2 是 MagicRC.run 的执行过程，其中只需要参考第 5~53 行。蓝牙从接收数据中读取 1 B 后会识别文字，并要求遥控模型车做出相应动作。如果是大写字母 S，则表示执行 MagicRC.stop 指令，停止遥控模型车；如果是大写字母 F，则表示执行 MagicRC.forward 指令，使遥控模型车前行；如果是大写字母 B，则表示执行 MagicRC.backward 指令，使遥控模型车后退；如果是大写字母 L，则表示执行 MagicRC.turnLeft 指令，使遥控模型车左转；如果是大写字母 R，则表示执行 MagicRC.turnRight 指令，使遥控模型车右转；如果是数字 0~9 或小写字母 q，便表示执行 MagicRC.setSpeed 指令，设置遥控模型车的速度。编写完成后，上传 sketch 文档。

代码11-2 MagicRC.run

```
1  void MagicRC::run() {
2    if (btSerial->available()) {
3      char c = btSerial->read();
4
5      switch (c) {
6        case 'S':
```

```
7          stop();
8          break;
9        case 'F':
10         forward();
11         break;
12       case 'B':
13         backward();
14         break;
15       case 'L':
16         turnLeft();
17         break;
18       case 'R':
19         turnRight();
20         break;
21       case '0':
22         setSpeed(0);
23         break;
24       case '1':
25         setSpeed(25);
26         break;
27       case '2':
28         setSpeed(50);
29         break;
30       case '3':
31         setSpeed(75);
32         break;
33       case '4':
34         setSpeed(100);
35         break;
36       case '5':
37         setSpeed(125);
38         break;
39       case '6':
40         setSpeed(150);
41         break;
42       case '7':
43         setSpeed(175);
```

```
44            break;
45          case '8':
46            setSpeed(200);
47            break;
48          case '9':
49            setSpeed(225);
50            break;
51          case 'q':
52            setSpeed(255);
53            break;
54
55        }
56      }
57    }
```

11.3 制作遥控模型车控制 App

下面用 App Inventor 制作遥控模型车的控制 App。打开 App Inventor 依序操作，如果读者感到很难，或想看已完成的作品，可以直接参考 BluetoothRcCar 页面。

01 本节将在之前的 BluetoothChat 项目上稍做修改，以制作遥控模型车的控制 App。打开 BluetoothChat 项目，选择【项目】-【另存为】菜单。

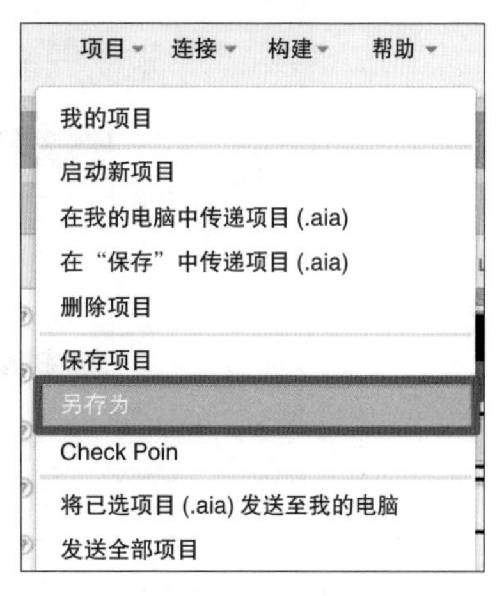

02 输入 BluetoothRcCar，点击【确认】。

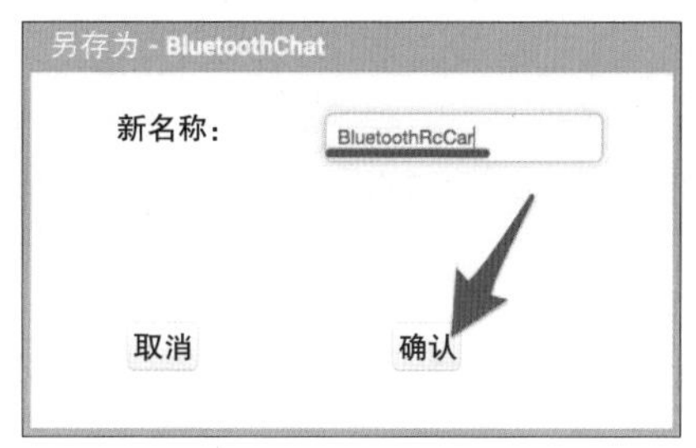

03 此次的 App 不需要“水平布局 2”和“标签_显示”组件，清除组建列表中这两个组件的“显示属性”复选框，这样它们便不会出现在画面中。

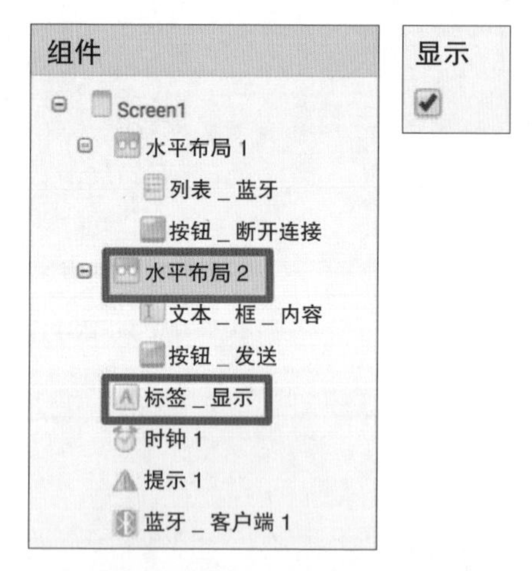

04 这款 App 需要做成横向显示，所以将 Screen1 的屏幕方向属性设为横向。

05 在【组件面板】-【组件布局】菜单中，将水平布局组件拖曳至工作面板，并添加至“水平布局 1”的下方。将添加“水平布局”（水平布局 3）的宽度和高度属性全部设为“充满”。

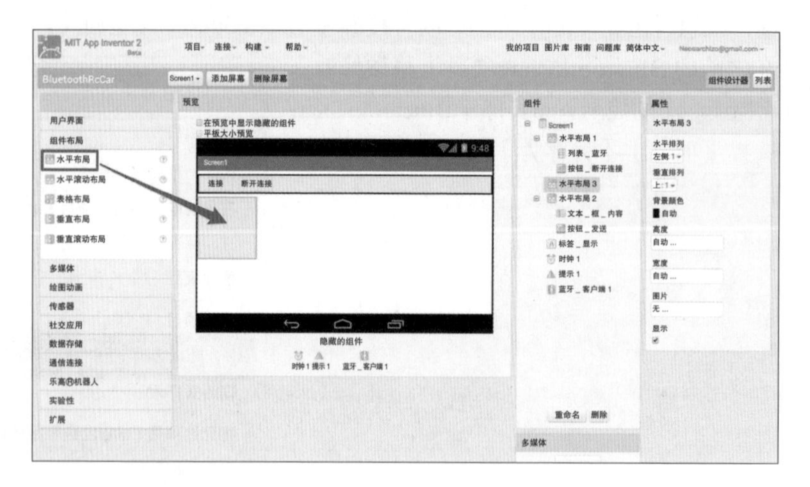

06 在【组件面板】-【用户界面】菜单中，向“水平布局 3”添加两个按钮，并将其（按钮 1 和按钮 2）宽度和高度属性全部设为“充满”，将字号属性全部设为 30。随后将左边的“按钮 1”命名为“按钮 _ 左”后，将文本属性改为“左”；将右边的“按钮 2”命名为“按钮 _ 右”后，将文本属性改为“右”。

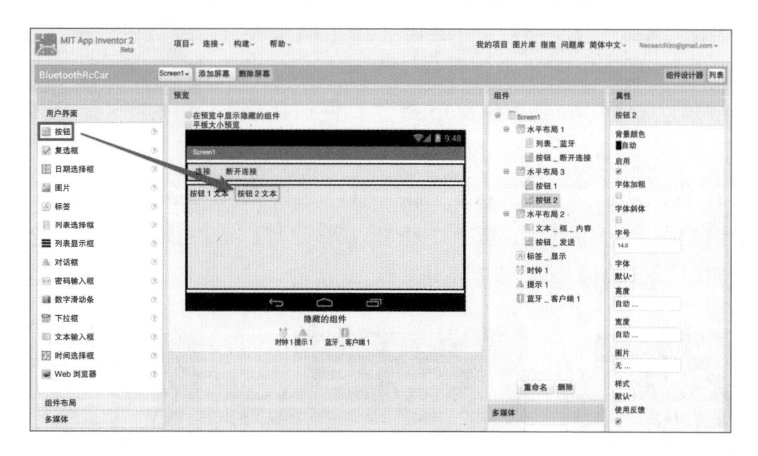

07 在【组件面板】-【组件布局】菜单中，将“垂直布局”拖曳到工作面板，并添加到“按钮 _ 左”和“按钮 _ 右”之间。随后将添加“垂直布局”（垂直布局 1）的高度和宽度属性全部设为“充满”。

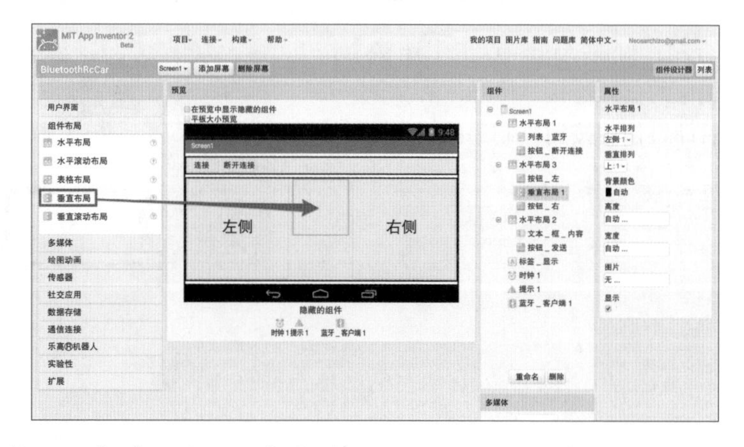

08 在【组件面板】-【用户界面】菜单中，向“水平布局 1”添加两个按钮，并将其（按钮 1 和按钮 2）宽度和高度属性全部设为“充满”，将字号属性全部设为 30。随后将上面的“按钮 1”命名为“按钮 _ 前”，并将文本属性改为“前”；将下面的“按钮 2”命名为“按钮 _ 后”，并将文本属性改为“后”。

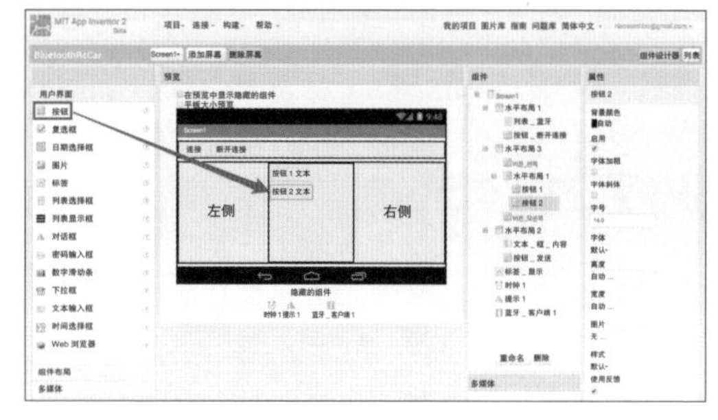

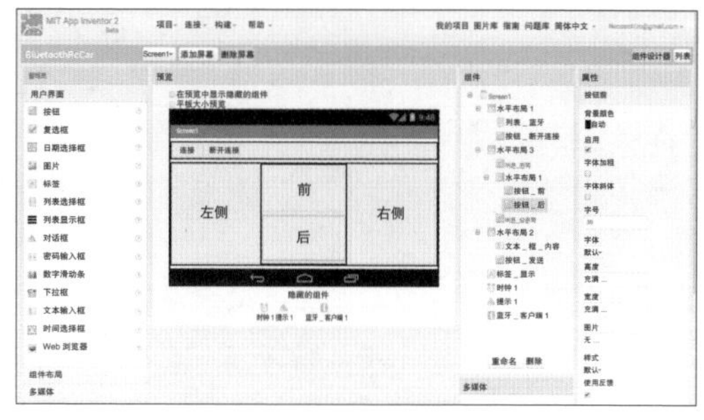

09 如图所示组装模块。按下“按钮 _ 左”时运行如下模块，届时便会向蓝牙设备发送大写字母 L。此时 Arduino 就会执行 MagicRC.turnLeft 指令，使遥控模型车左转。

10 如图所示组装模块。手指离开“按钮 _ 左”时运行如下模块，届时便会向蓝牙设备发送大写字母 S。此时 Arduino 就会执行 MagicRC.stop 指令，使遥控模型车停止。

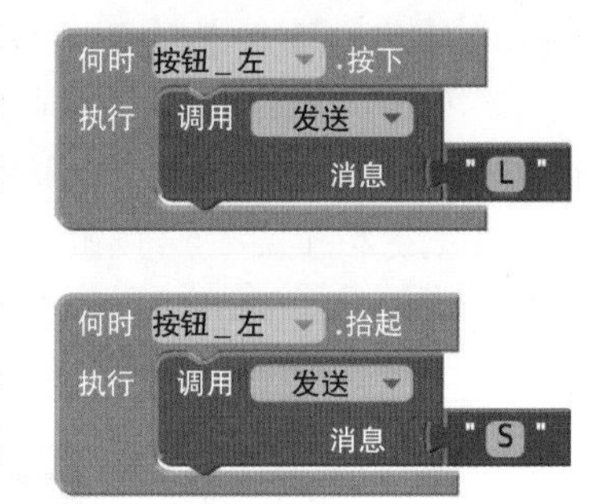

11 如图所示组装模块。按下“按钮 _ 右”时，遥控模型车会右转；按下“按钮 _ 前”时，遥控模型车会向前直行；按下“按钮 _ 后”时，遥控模型车会后退；手指离开任何一个按钮时，遥控模型车都会停止。

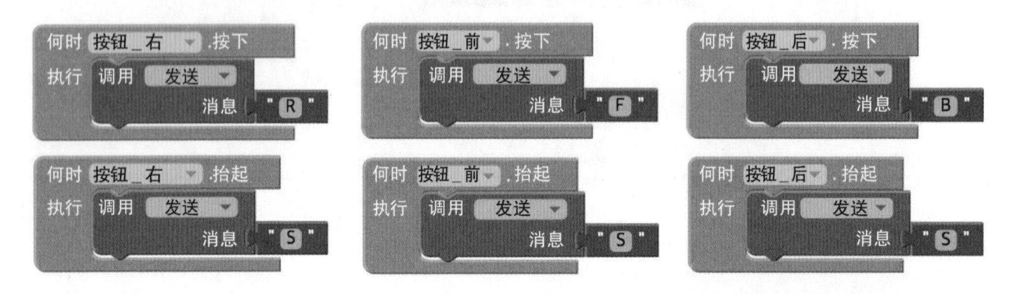

12 接下来运行制作好的 App。点击【连接】按钮，选择相应的蓝牙连接 Arduino 和 Android 设备，随后即可使用按钮控制遥控模型车。

将激光玩具连接至 Android

通过蓝牙模块和 App Inventor，Android 还可以控制之前制作的激光玩具。根据如下顺序逐一操作，读者如果觉得太难，或想看已完成的作品，可以直接参考 LaserGunController 页面。

下面在电路图 8-1 的基础上添加蓝牙模块。首先将蓝牙模块的接地引脚连接至 Arduino 的接地引脚，将蓝牙模块的电源引脚与 Arduino 的电源引脚相连。随后将蓝牙模块的 TXD 连接至 Arduino 的 0 号引脚，并将 RXD 连接至 1 号引脚。由于这次要立即使用 Arduino 的 TX 和 RX，所以用 Serial 库代替 SoftwareSerial 库，故可直接使用代码 8-1。

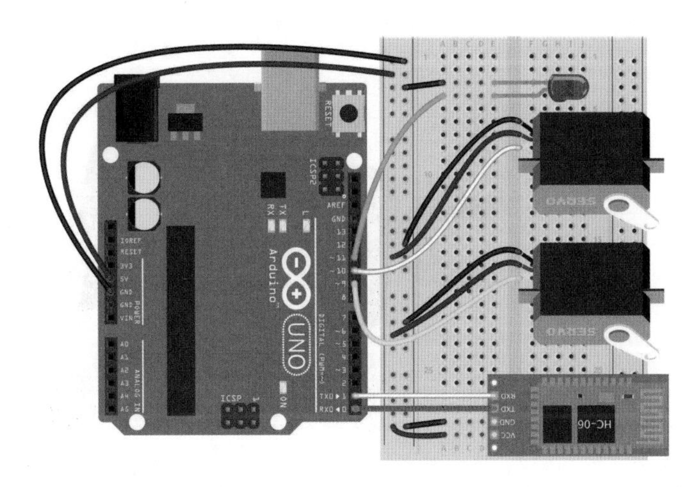

打开 BluetoothChat 项目，将项目名改为 LaserGunController 后重新保存。首先清除组件列表中“水平布局 2”和“标签 _ 显示”的显示属性复选框，然后将 Screen1 的屏幕方向属性设为横向，并在【组件面板】-【绘图动画】菜单中将画布拖曳至工作面板，添加到“水平布局 1”。随后将添加画布（画布 1）的高度和宽度属性全部设为“充满”。画布原本用于绘画，但此处用于通过手指控制激光玩具。

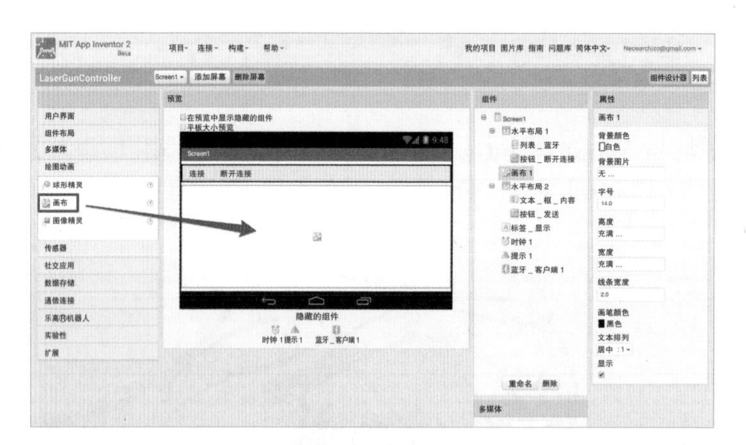

如图所示组装模块。手指在“画布 1”区域动作时运行该模块，随后将手指的 x、y 坐标值发送至蓝牙设备，该原理与代码 8-2 的 setServo 函数相同。

何时 画布 1 .拖曳
开始 X 开始 Y 移动 X 移动 Y 当前 X 当前 Y 拖曳后的图像精灵
执行 调用 发送
消息 合并 全舍 120 - 传递 当前 X / 画布 1 . 宽度 × 120
" "
全舍 120 - 传递 当前 Y / 画布 1 . 高度 × 120
" "
1
" \n "

接下来运行 App。首先在 Android 设备执行 MIT AI2 Companion，以连接 App Inventor。随后点击【连接】按钮，选择相应的蓝牙连接 Arduino 和 Android 设备，之后即可用手指控制激光玩具。

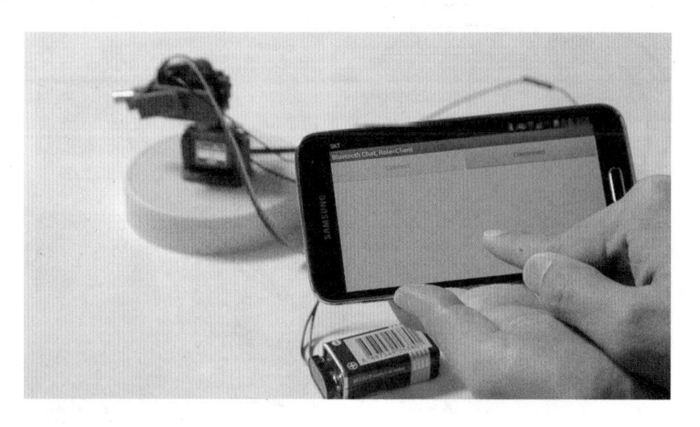

第12章 连接互联网

12.1 连接以太网扩展板

准备物品

Arduino UNO 1 个

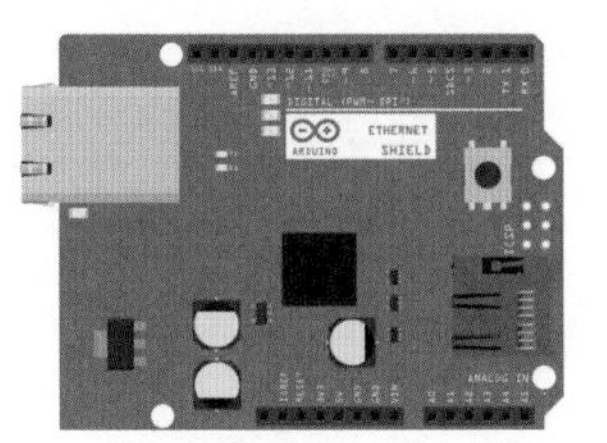

以太网扩展板 1 个

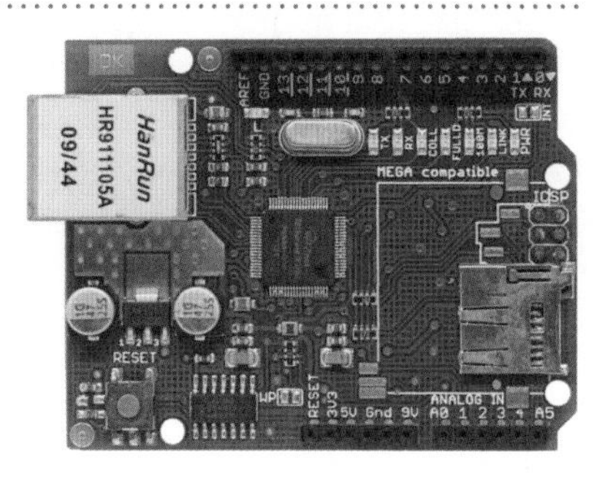

Arduino 遇到互联网会产生非常奇妙的“化学反应”，本节就将 Arduino 于互联网相连。首先，利用以太网扩展板连接互联网。此过程只需将以太网扩展板安插到 Arduino 上，并连接网线即可，所以不需要电路图。此处使用的以太网扩展板型号是 W5100，全球速卖通和 Devicemart 均有销售。准备好以太网扩展板后，将其安插至 Arduino。

如代码 12-1 所示，编写 sketch 文档。

代码12-1 连接互联网：以太网扩展板

```
1   #include <SPI.h>
2   #include <Ethernet.h>
3
4   byte mac[] = { 0xDE, 0xAD, 0xBE, 0xEF, 0xFE, 0xED };
5   char server[] = "neosarchizo.github.io";
6
7   IPAddress ip(192, 168, 0, 177);
8   EthernetClient client;
9
10  void setup() {
11    Serial.begin(9600);
12
13    if (Ethernet.begin(mac) == 0) {
14      Serial.println("Failed to configure Ethernet using DHCP");
15      Ethernet.begin(mac, ip);
16    }
17
18    delay(1000);
19    Serial.println("connecting...");
20
21    if (client.connect(server, 80)) {
22      Serial.println("connected");
23
24      client.println("GET /arduino/asciilogo.txt HTTP/1.1");
25      client.println("Host: neosarchizo.github.io");
26      client.println("Connection: close");
27      client.println();
28    }
29    else {
30      Serial.println("connection failed");
31    }
32  }
33
34  void loop()
35  {
```

```
36      if (client.available()) {
37        char c = client.read();
38        Serial.print(c);
39      }
40
41      if (!client.connected()) {
42        Serial.println();
43        Serial.println("disconnecting.");
44        client.stop();
45
46        while (true);
47      }
48  }
```

用以太网扩展板连接互联网时，使用 SPI 库和 Etherenet 库（第 1~2 行）。SPI 库与 SPI 通信相关，Arduino 和以太网扩展板通过 SPI 互相传输数据。读者在此并不需要对 SPI 有过多了解。第 4 行用 byte 数组声明与以太网扩展板的 MAC 地址相关的变量。MAC 地址区分网络设备，可以说是设备的“身份证号码”。MAC 地址写在以太网扩展板插网线的部分，其实原本第 4 行是要输入 MAC 地址的，但也可以直接使用这个代码。随后，第 5 行向 char 数组变量输入要连接的互联网地址，第 7 行声明 IPAdress 类变量，以设置以太网扩展板的 IP 地址，此处表示将 IP 地址设为 192.168.0.177。IP 地址相当于在网络上使用的住址，用此住址可以访问谷歌、Facebook 或读者的个人主页。第 8 行声明了 EthernetClient 类变量。Ethernet 库包含 EthernetClient 和 EthernetServer 两个类。用 Arduino 连接其他互联网时，使用 EthernetClient；从互联网的其他设备连接 Arduino 时，使用 EthernetServer。

函数说明

Ethernet.begin()
设置以太网扩展板的IP地址并初始化。

结构

Ethernet.begin(MAC地址, [IP地址])

参数

MAC地址：以太网扩展板的MAC地址。
[IP地址]：以太网扩展板的IP地址。

返回值

是否成功设置IP地址：设置成功返回1，否则返回0。

示例

byte mac[] = {0xDE, 0xAD, 0xBE, 0xEF, 0xFE, 0xED};
IPAdress ip(192, 168, 0, 177);

Ethernet.begin(mac);//初始化以太网扩展板，并自动设置IP地址。
Ethernet.begin(mac,ip);//初始化以太网扩展板，并用ip参数设置IP地址。

接下来执行 setup 函数。第 11 行准备串口通信，第 13 行初始化以太网扩展板，查看初始化是否成功。此处输入 mac 参数即可执行 Ethernet.begin 指令，并自动设置 IP 地址。若成功，返回值就会变为 1；否则返回 0，并在第 15 行将第 7 行的 IP 地址设为以太网扩展板的 IP 地址。随后，为了等待初始化以太网扩展板，在第 18 行静止 1 s。

函数说明

EthernetClient.connect()
尝试访问服务器地址。

结构

EthernetClient.connect(服务器地址, 端口号)

参数

服务器地址：要访问的服务器地址。
端口号：要访问的服务器端口，一般输入80。

返回值

是否连接成功：连接成功返回1，连接超时返回-1，无法连接的服务器返回-2，连接中断返回-3，服务器响应但不完整返回-4。

示例

char server[] =" neosarchizo.github.io" ;
client.connect(server, 80);// 尝试访问neosarchizo.github.io。

第 21 行用 EthernetClient.connect 指令尝试访问互联网地址。对于 EthernetClient.connect 指令，连接成功则返回 1，否则返回 -4~-1。访问成功便会在第 24~27 行向服务器发出请求。如果想连接其他网络地址，只需修改第 5、24、25 行。需要注意，以太网扩展板只能连接 HTTP 服务器，至于偶尔出现的 HTTPS 服务器则无法访问。

函数说明

EthernetClient.connected()
查看与服务器的连接状态。

结构

EthernetClient.connected()

参数

无

返回值

连接与否：处于连接状态时返回true，断开则返回false。

示例

boolean c = client.connected//查看与服务器的连接状态。

接下来执行 loop 函数。在第 36 行查看是否从服务器接收数据，如果有，就在第 36 行读取 1 B 数据后，在第 38 行用串口发送至 PC。随后在第 41 行查看是否断开连接，需要用到 EthernetClient.connected 指令。如果断开连接，就会在第 44 行用 EthernetClient.stop 指令停止访问互联网，并在第 46 行用 while 语句使 Arduino 板停止运转。编写完成后，上传 sketch 文档，打开串口监视器即可看到互联网上的 Arduino Logo。

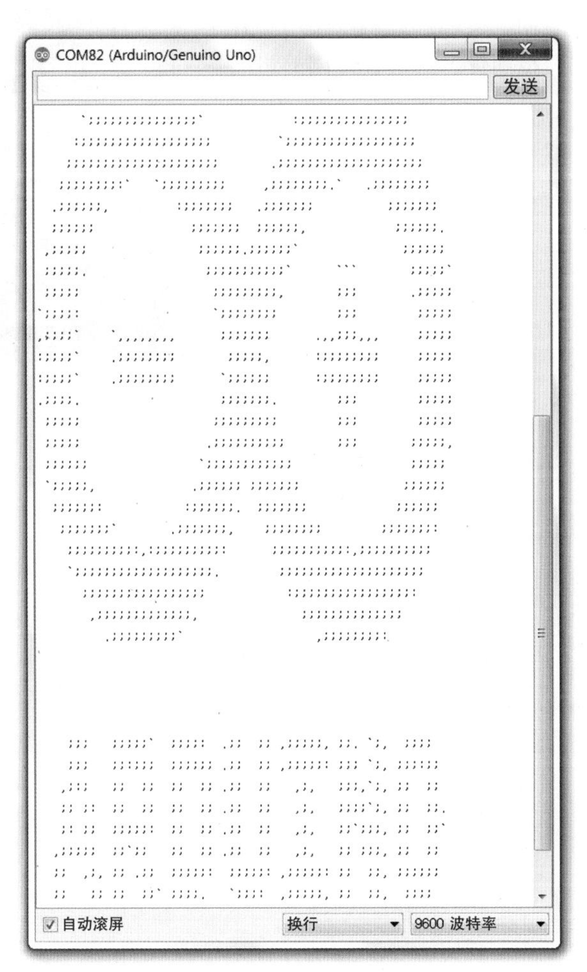

12.2 使用 Arduino Wi-Fi 扩展板

准备物品

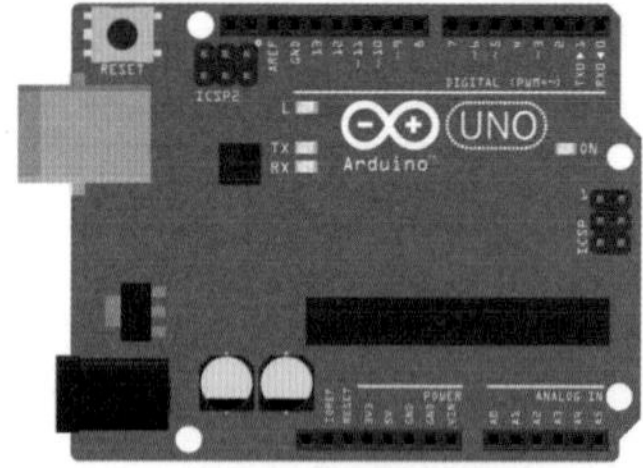

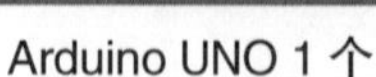

Arduino UNO 1 个

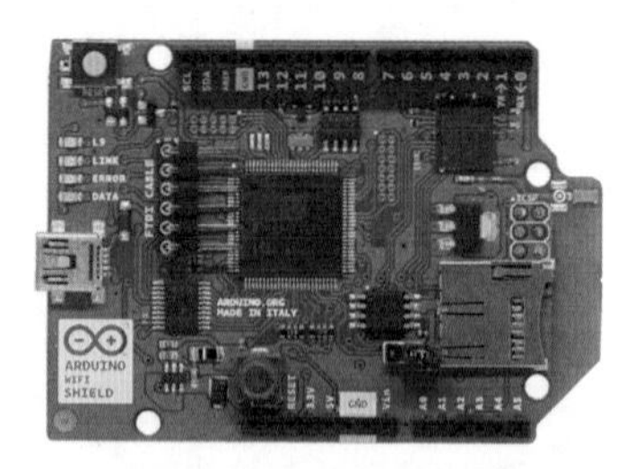

Arduino Wi-Fi 扩展板 1 个

下面利用 Arduino Wi-Fi 扩展板连接互联网，全球速卖通和 Devicemart 均有销售。Arduino Wi-Fi 扩展板连接 Arduino 同样不需要电路图，只需将 Arduino Wi-Fi 扩展板安插至 Arduino。

需要注意，使用 Arduino Wi-Fi 扩展板时，不可以连接 SD 卡槽旁边的跳线帽。此跳线帽用于升级 Arduino Wi-Fi 扩展板固件，最好在使用前将固件升级为最新版本。否则，在 Arduino Wi-Fi 扩展板的示例中确认固件版本后，如果版本过低就会停止运转。固件升级方法可以参考 Arduino 官方主页。

如代码 12-2 所示，编写 sketch 文档。与代码 12-1 类似。

代码12-2　连接互联网：Arduino Wi-Fi扩展板

```
1   #include <SPI.h>
2   #include <WiFi.h>
3
4   char ssid[] = "Your WiFi Name";
5   char pass[] = "Your WiFi Password";
6
7   int status = WL_IDLE_STATUS;
8   char server[] = "neosarchizo.github.io";
9
10  WiFiClient client;
```

```
11
12  void setup() {
13    Serial.begin(9600);
14
15    String fv = WiFi.firmwareVersion();
16    if ( fv != "1.1.0" )
17      Serial.println("Please upgrade the firmware");
18
19    while (status != WL_CONNECTED) {
20      Serial.print("Attempting to connect to SSID: ");
21      Serial.println(ssid);
22
23      status = WiFi.begin(ssid, pass);
24
25      delay(10000);
26    }
27    Serial.println("Connected to wifi");
28
29    Serial.println("\nStarting connection to server...");
30
31    if (client.connect(server, 80)) {
32      Serial.println("connected to server");
33      client.println("GET /arduino/asciilogo.txt HTTP/1.1");
34      client.println("Host: neosarchizo.github.io");
35      client.println("Connection: close");
36      client.println();
37    }
38  }
39
40  void loop() {
41    while (client.available()) {
42      char c = client.read();
43      Serial.write(c);
44    }
45
46    if (!client.connected()) {
47      Serial.println();
```

```
48          Serial.println("disconnecting from server.");
49          client.stop();
50
51          while (true);
52      }
53  }
```

Arduino Wi-Fi 扩展板的使用方法与以太网扩展板的使用方法相似，由于前者也使用 SPI 进行通信，所以此处同样使用 SPI 库。并且，像以太网扩展板使用 Ethernet 库那样，Arduino Wi-Fi 扩展板还使用 Wi-Fi 库。第 4~5 行声明了要保存 Wi-Fi 名称和密码的变量，第 4 行是 Wi-Fi 名称，第 5 行则是 Wi-Fi 密码。读者可以根据自己连接的 Wi-Fi 调整本部分，如果 Wi-Fi 没有密码，可以空着不填。第 7 行声明了代入 Arduino Wi-Fi 扩展板状态的变量，第 8 行向 char 数组变量输入要访问的互联网地址。第 10 行声明了 Wi-FiClient 类变量。Wi-Fi 库也和 Ethernet 库一样，包含 Wi-FiClient 和 Wi-FiServer 两类。用 Arduino 连接其他互联网时，使用 Wi-FiClient；从互联网的其他设备连接 Arduino 时，使用 Wi-FiServer。

函数说明

WiFi.begin()

用Arduino Wi-Fi扩展板连接Wi-Fi并初始化。

结构

WiFi.begin(WiFi名称, Wi-Fi密码)

参数

Wi-Fi名称：要连接的Wi-Fi的名称。

Wi-Fi密码：要连接的Wi-Fi的密码，没有密码可不输入。

返回值

Wi-Fi连接成功与否：Wi-Fi连接成功时，返回WL_CONNECTED，否则返回WL_IDLE_STATUS。

示例

char ssid[]= “Your WiFi Name”；
char pass[]= “Your WiFi Password”；
WiFi.begin(ssid, pass);//用Arduino Wi-Fi扩展板连接Wi-Fi并初始化。

下面执行 setup 函数。第 13 行准备串口通信，第 15 行利用 WiFi.firmwareVersion 指令读取 Arduino Wi-Fi 扩展板固件版本信息，并代入 fv 变量。随后在第 16 行查看固件版本是否为最新版本，读者可以借此查看自己的固件版本信息。第 19~26 行试图连接 Wi-Fi，直至成功。发出请求的部分是第 23 行，此处执行 WiFi.begin 指令，尝试访问

Wi-Fi，并在第 25 行停止 10 s，等待连接。如果成功，status 变量的值就会变为 WL_CONNECTED，随后跳出循环语句。

函数说明

WiFiClient.connect()
尝试访问服务器。

结构
WiFiClient.connect(服务器地址, 端口号码)

参数
服务器地址：要访问的服务器地址。
端口号：要访问的服务器端口，一般输入80。

返回值
连接成功与否：连接成功时返回true，否则返回false。

示例
char server[]= “neosarchizo.github.io”;
client.connect(server, 80);//尝试访问neosarchizo.github.io。

成功连接 Wi-Fi，第 31 行就会立即执行 WiFiClient.connect 指令，尝试访问互联网。如果成功，返回值就会变为 true，否则为 false。连接成功后，在第 33~36 行向服务器发送请求。如果读者想连接其他网址，只需修改第 8、33、34 行。需要注意，Arduino Wi-Fi 扩展板和以太网扩展板相同，只能访问 HTTP 服务器，无法访问 HTTPS 服务器。

函数说明

WiFiClient.connected()
查看与服务器的连接状态。

结构
WiFiClient.connected()

参数
无

返回值
连接与否：处于连接状态时返回true，否则返回false。

示例
boolean c = client.connected//查看与服务器的连接状态。

接下来执行 loop 函数。在第 41 行查看是否从服务器接收数据，如果有，就在第 42 行读取 1 B 数据后，在第 43 行用串口发送至 PC。随后在第 46 行查看是否断开连接，需要用到 WiFiClient.connected 指令。如果断开连接，就会在第 49 行用 WiFiClient.stop 指令停止访问互联网，并在第 51 行用 while 语句使 Arduino 板停止运转。编写完成后，上传 sketch 文档，打开串口监视器即可看到互联网上的 Arduino Logo。

12.3 使用 Sparkfun ESP8266 Wi-Fi 扩展板

准备物品

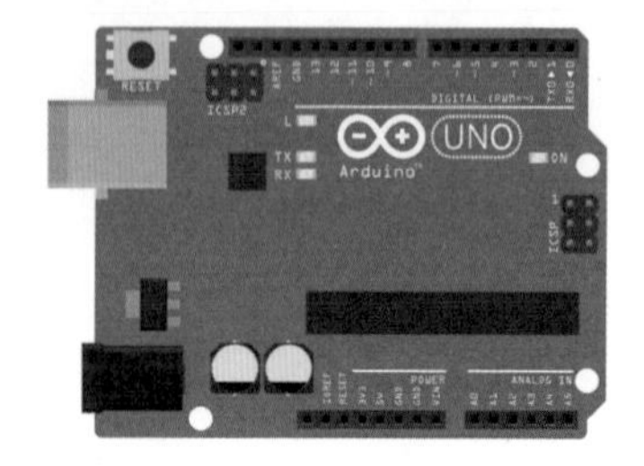

Arduino UNO 1 个

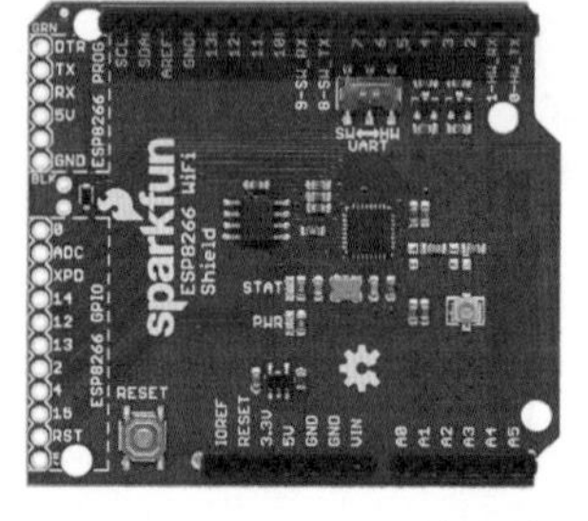

SparkFun ESP8266 Wi-Fi 扩展板 1 个

下面用 SparkFun ESP8266 Wi-Fi 扩展板连接互联网。我们刚刚使用过 Arduino Wi-Fi 扩展板，之所以再介绍一个 Wi-Fi 扩展板，是因为 SparkFun ESP8266 Wi-Fi 扩展板价格低廉，也可以为之后连接使用 Blynk 打基础。请到 Devicemart 购买，购买时需要订购双层排针插座。因为 SparkFun ESP8266 Wi-Fi 扩展板的排针插座是单独售卖的，需要另外订购并焊接。此连接过程同样不需要电路图，直接将其安插到 Arduino 板即可。

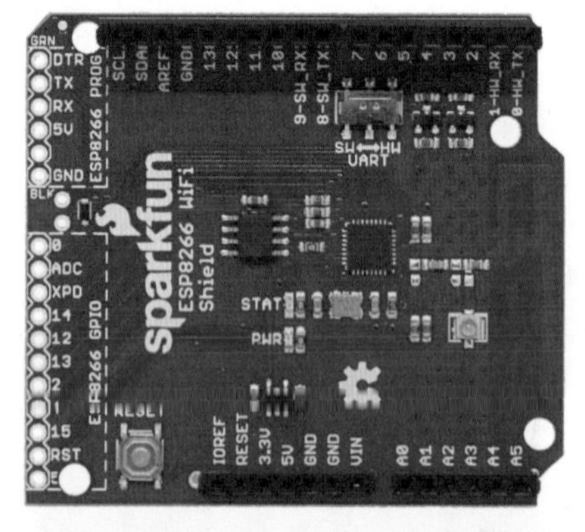

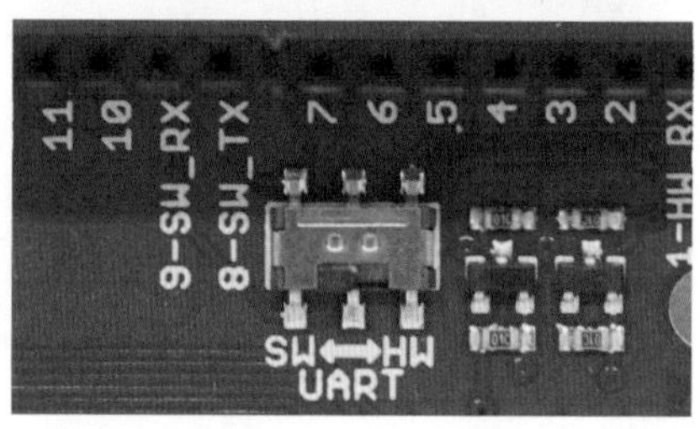

使用 SparkFun ESP8266 Wi-Fi 扩展板时需要注意，要将板上的开关朝向 SW 方向。因为此扩展板是通过 SoftwareSerial 库进行通信的，所以开关朝向 SW 时，会使用 Arduino 的 8 号和 9 号引脚，否则通信时就会使用 Arduino 的 TW、RX 引脚，即 0 号和 1 号引脚。因此，使用前要检查开关是否朝向 SW 处。

使用 SparkFun ESP8266 Wi-Fi 扩展板前，需要安装 SparkFun ESP8266 AT Library。

01 首先下载SparkFun ESP8266 AT Library。解压，下载的文件即可生成[SparkFun_ESP8266_AT_Arduino_Library-master]文件夹。将文件夹名改为[SparkFun_ESP8266_AT_Arduino_Library]。

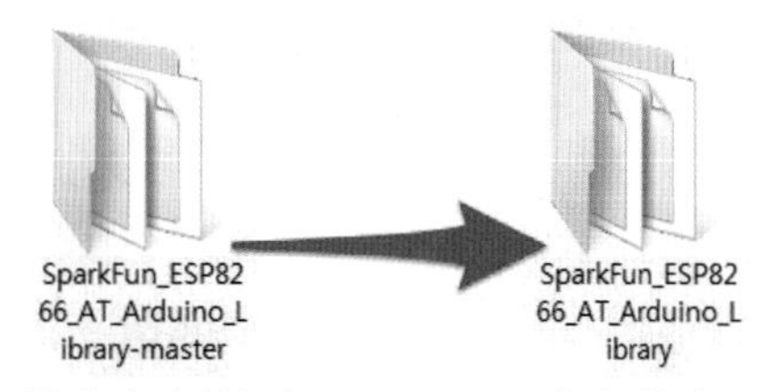

02 将[SparkFun_ESP8266_AT_Arduino_Library]文件夹复制粘贴至Arduino库文件夹。在Windows系统下，Arduino库文件夹位于【我的文档】-【Arduino】-【libraries】；在Mac系统下，则位于【Document】-【Arduino】-【libraries】。重新运行Arduino IDE，即可在Contributed库部分看到，已成功添加SparkFun ESP8266 AT Arduino Library库。

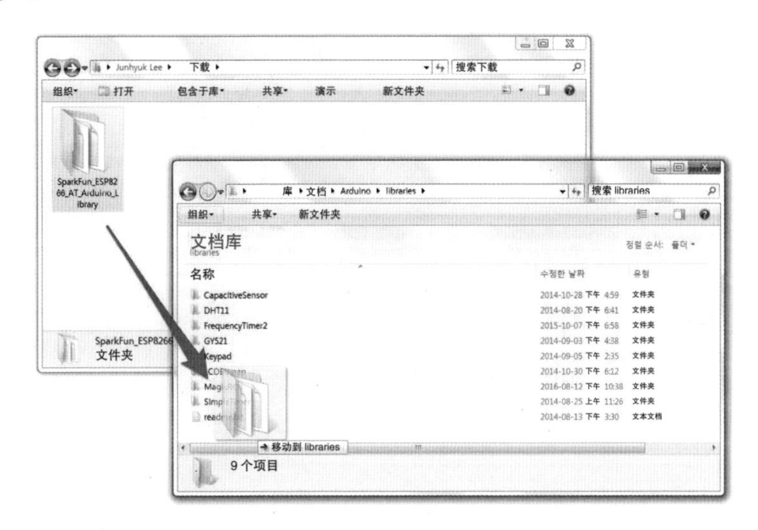

如代码12-3所示，编写sketch文档。

代码12-3 连接互联网：SparkFun ESP8266 Wi-Fi扩展板

```
1   #include <SoftwareSerial.h>
2   #include <SparkFunESP8266WiFi.h>
3
4   char ssid[] = "Your WiFi Name";
5   char pass[] = "Your WiFi Password";
6
7   char server[] = "neosarchizo.github.io";
8
9   ESP8266Client client;
10
11  void setup()
12  {
13    Serial.begin(9600);
```

```
14
15      if (!esp8266.begin())
16      {
17        Serial.println("Error talking to ESP8266.");
18        while (true);
19      }
20      Serial.println("ESP8266 Shield Present");
21
22      int status = esp8266.status();
23
24      while (status <= 0)
25      {
26        Serial.print("Attempting to connect to SSID: ");
27        Serial.println(ssid);
28        status = esp8266.connect(ssid, pass);
29
30        delay(10000);
31      }
32      Serial.println("Connected to wifi");
33
34      Serial.println("\nStarting connection to server...");
35
36      if (client.connect(server, 80)) {
37        Serial.println("connected to server");
38        client.println("GET /arduino/asciilogo.txt HTTP/1.1");
39        client.println("Host: neosarchizo.github.io");
40        client.println("Connection: close");
41        client.println();
42      }
43    }
44
45    void loop() {
46      while (client.available()) {
47        char c = client.read();
48        Serial.write(c);
49      }
50
```

```
51     if (!client.connected()) {
52       Serial.println();
53       Serial.println("disconnecting from server.");
54       client.stop();
55 
56       while (true);
57     }
58   }
```

SparkFun ESP8266 Wi-Fi扩展板的使用方法与Arduino Wi-Fi扩展板的使用方法相似，但SparkFun ESP8266 Wi-Fi扩展板进行通信时使用的是SoftwareSerial库，且使用8号和9号引脚。第2行表示使用SparkFun ESP8266 AT Library。第4~5行声明要保存Wi-Fi名称和密码的变量，第4行是Wi-Fi名称，第5行是Wi-Fi密码。读者可以根据自己连接的Wi-Fi调整本部分，如果Wi-Fi没有密码，可以空着不填。第7行向char数组变量输入要访问的互联网地址后，第9行声明ESP8266Client类变量。SparkFun ESP8266 AT Library也和Wi-Fi库一样，包含ESP8266Client和ESP8266Server两个类。用Arduino连接其他互联网时，使用ESP8266Client；从互联网的其他设备连接Arduino时，使用ESP8266Server。

函数说明

esp8266.begin()

初始化ESP8266并查看是否可用。

结构

esp8266.begin()

参数

无

返回值

是否可以使用ESP8266：可以使用则返回true，否则返回false。

示例

booelan= esp8266.begin()

//初始化ESP8266并查看是否可用。

函数说明

esp8266.status()
查看ESP8266的连接状态。

结构
esp8266.status()

参数
无

返回值
ESP8266连接与否：ESP8266处于连接状态时返回true，否则返回false。

示例
booelan b = esp8266.status()
//查看ESP8266的连接状态。

下面执行 setup 函数。在第 13 行准备串口通信，第 15 行利用 esp8266.begin 指令初始化 ESP8266，并查看是否可用。如果不可用，扩展板就会在第 18 行停止运行。如果可以，则会在第 22 行用 esp8266.status 指令查看 ESP8266 的连接状态。如果处于连接状态，就会跳过第 24~31 行的循环语句，否则执行此循环语句，一直尝试连接 Wi-Fi，直至成功。发出请求的部分是第 28 行，此处执行 esp8266.connect 指令，尝试连接 Wi-Fi，并在第 30 行静止 10 s 等待连接。如果连接成功，status 变量的值就会大于 0，随后便会跳出循环语句。

函数说明

ESP8266Client.connect()
尝试连接服务器。

结构
ESP8266Client.connect(服务器地址, 端口号码)

参数
服务器地址：要访问的服务器地址。
端口号：要访问的服务器端口，一般输入80。

返回值
连接成功与否：连接成功时返回1，处于连接状态返回2，连接超时返回-1，连接失败返回-3。

示例
char server[]= “neosarchizo.github.io”；
client.connect(server, 80);
//尝试连接neosarchizo.github.io。

成功连接 Wi-Fi，第 36 行会立即执行 ESP8266Client.connect 指令，尝试访问互联网。如果连接成功，就会返回 1，否则返回 -3~-1。连接成功后，第 37~41 行向服务器发送请求。如果读者想访问其他网址，只需修改第 7、38、39 行。需要注意，SparkFun ESP8266 Wi-Fi 扩展板和 Arduino Wi-Fi 扩展板相同，只能访问 HTTP 服务器，无法访问 HTTPS 服务器。

函数说明

ESP8266Client.connected()

查看与服务器的连接状态。

结构

ESP8266Client.connected()

参数

无

返回值

连接与否：处于连接状态时返回true，否则返回false。

示例

```
boolean c = client.connected
//查看与服务器的连接状态。
```

接下来执行 loop 函数。在第 46 行查看是否从服务器接收数据。如果有，就在第 47 行读取 1 B 数据后，在第 48 行用串口发送至 PC。随后在第 51 行查看是否断开连接，需要用到 ESP8266Client.connected 指令。如果断开连接，就在第 54 行用 ESP8266Client.stop 指令停止访问互联网，并在第 56 行用 while 语句使 Arduino 停止运转。编写完成后，上传 sketch 文档，打开串口监视器即可看到互联网上的 Arduino Logo。

用 Arduino 制作的物联网项目

物联网指的是，用互联网连接具有传感器、执行器的各种事物。互联网上有很多用 Arduino 制成的物联网项目，读者也可以利用 Arduino 轻松制作。

1. 电灯开关遥控器

本项目用 Arduino、伺服电机和亚克力板制作一个电灯开关遥控器，旨在帮助讨厌起身开 / 关灯的人解决烦恼。此项目可以利用互联网实现开灯和关灯。如果想根据链接上的图样裁切亚克力板，或想使用可直接组装的套装，可以在网上购买。

2. 收件提示器

智能手机会发出提示音，提醒我们查看未读邮件，人们对此早已习以为常。那么，如果桌子上有一个提醒我们查看邮件的指示牌，想必会十分有趣。本项目是使用 Arduino 和 ardumail 制作的收件提示器。如果邮箱中有未读的新邮件，伺服电机就会启动并通知我们，如果没有则显示“无”。利用本章的扩展板、Arduino 和伺服电机即可制作。

3. 天气预报衣架

每次出门前，大家都会想知道当日天气吧？本项目是利用 Arduino 兼容板——英特尔 Edison 制作的天气预报衣架。它可以播报实时温度、当日天气、当日最高气温和最低气温。

4. 远程宠物投喂机

有宠物的人出门在外时，会一直担心家中的宠物。本项目是利用 Arduino 和“树莓派”制作的远程宠物投喂机。借助它，人们不仅可以通过互联网给家中的宠物喂食，还可以通过机身前面的 WebCam 观察宠物在家中的情况。

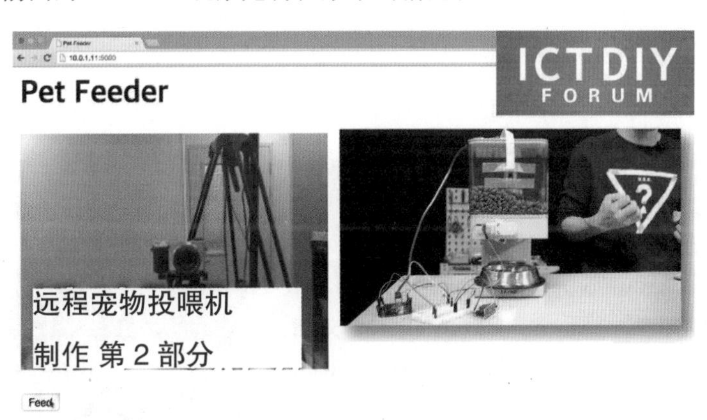

第13章

Blynk：简单有趣的物联网

13.1 Blynk 简介

Blynk 利用 Arduino 等开源硬件，轻松制作物联网项目。只需上传 Arduino 所需的 sketch 文档，并在手机 App 中以拖曳方式添加工具即可。Blynk 效率非常快，利用互联网制作控制 LED 的项目仅需 1 min。

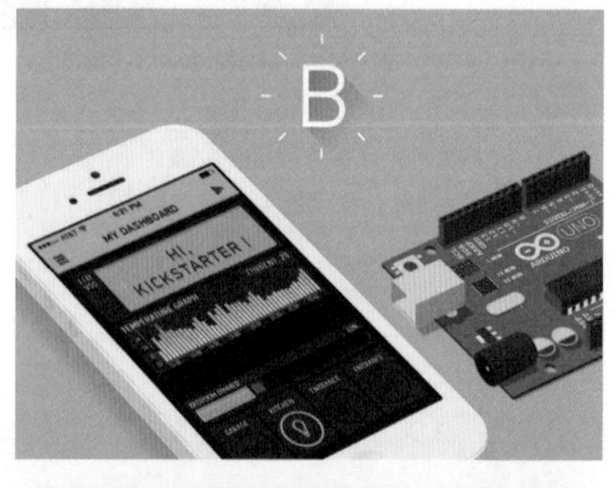

Blynk 通过互联网运行，所以 Arduino 也要连接互联网。读者可以在以太网扩展板、Arduino Wi-Fi 扩展板、SparkFun ESP8266 Wi-Fi 扩展板中任选一款。

不仅如此，还可以使用其他开源硬件，比如“树莓派”。只要安装与硬件相匹配的库，Blynk 服务器就会将其连接至手机，包括 iPhone、Android 等各类系统。另外，即使 Arduino 和手机未连接同一网络，也可以进行操作。只要网络正常，不论在哪里都可以用 Blynk 连接。那么，利用 Blynk 都可

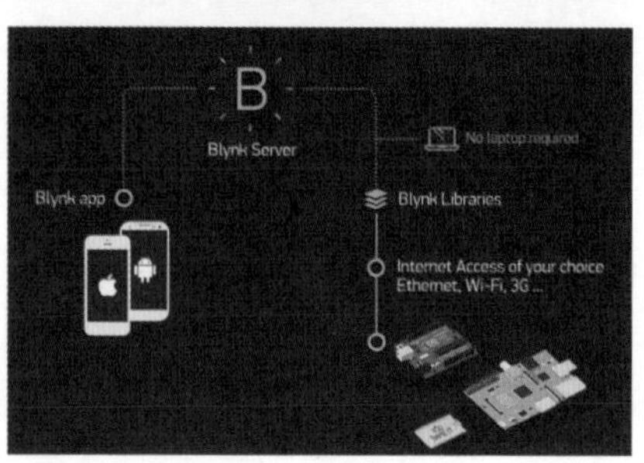

以制作什么项目呢？比如，通过 Blynk 和 Arduino，我们可以使冰箱在打开时自动拍摄内部照片，并能够随时随地查看。这样一来，逛超市时就可以更加准确地知道冰箱里缺少哪些食物。

Blynk 还可以控制无人机。使用 Blynk 的 JoyStick 部件制作无人机的控制器即可，还可以使用图表部件显示无人机状态。

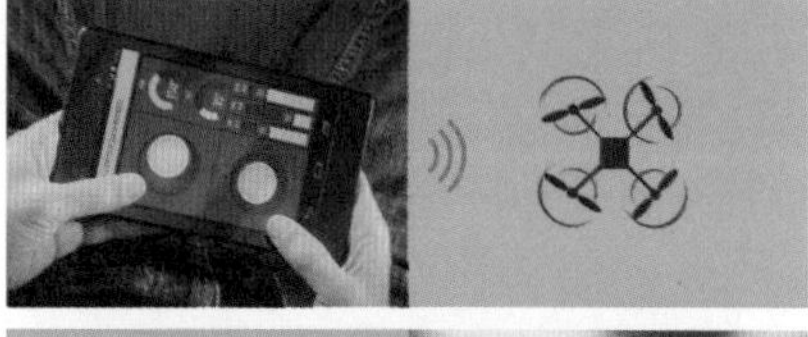

智能花盆是一种常见的物联网项目。植物缺水时，花盆会向智能手机发送通知，或发送 Twitter。读者可以利用 Blynk 亲自制作。

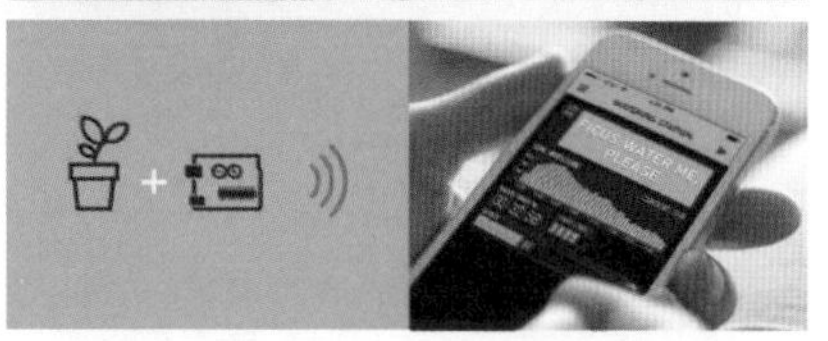

13.2 准备 Blynk

使用 Blynk 之前，请根据如下步骤准备。

01 打开 Blynk 页面。

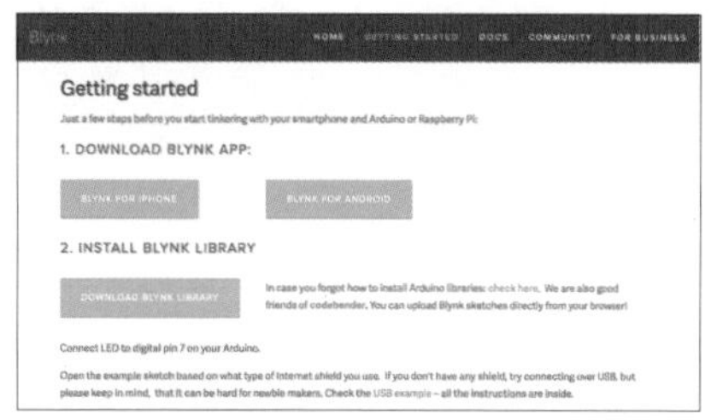

02 安装 Blynk。iPhone 用户点击 BLYNK FOR IPHONE 按钮，Android 用户点击 BLYNK FOR ANDROID 按钮，移动至安装页面。

03 运行后出现图示画面。使用 Blynk 前，首先需要注册账号。如果有 Facebook 账号，可以直接登录。点击 Create New Account 创建新账号。

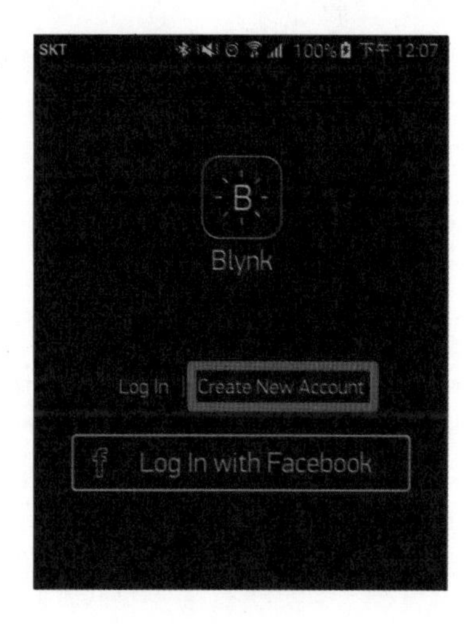

04 注册账号时，需要填写邮箱和密码。请务必填写常用邮箱，因为制作项目时，Blynk 会向邮箱发送一些重要信息。

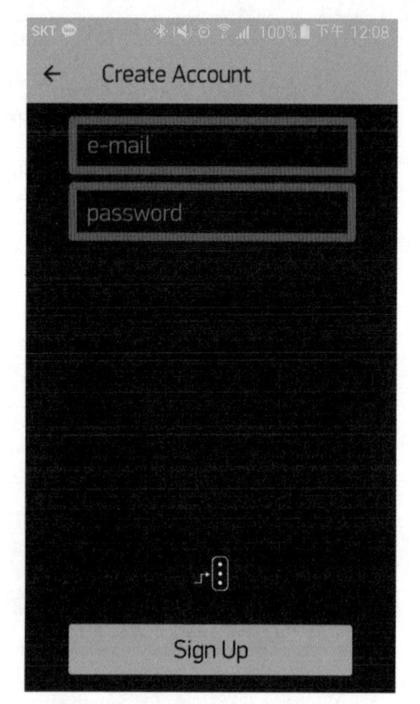

05 注册成功后自动登录，出现图示画面。

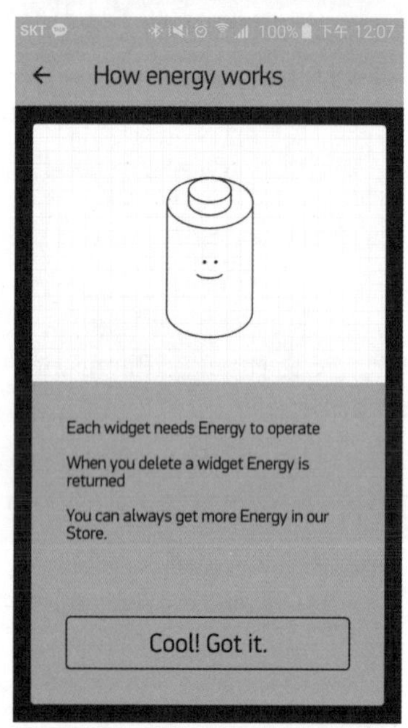

06 接下来安装 Arduino 库。在 Blynk 页面点击 DOWN LOAD BLYNK LIBRARY，下载最新版本。

DOWNLOAD BLYNK LIBRARY

07 解压下载的文件即可出现如下文件夹，将其复制粘贴至Arduino库文件。在Windows系统下，Arduino库文件夹位于【我的文档】–【Arduino】–【libraries】，在Mac系统下则位于【Document】–【Arduino】–【libraries】。重新运行Arduino IDE，即可在Contributed库部分看到已成功添加Blynk库。

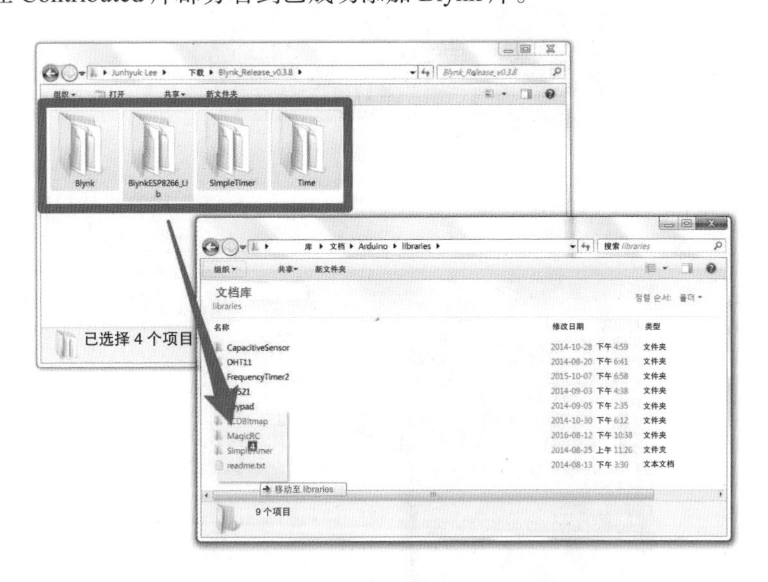

13.3 开始 Blynk

准备物品

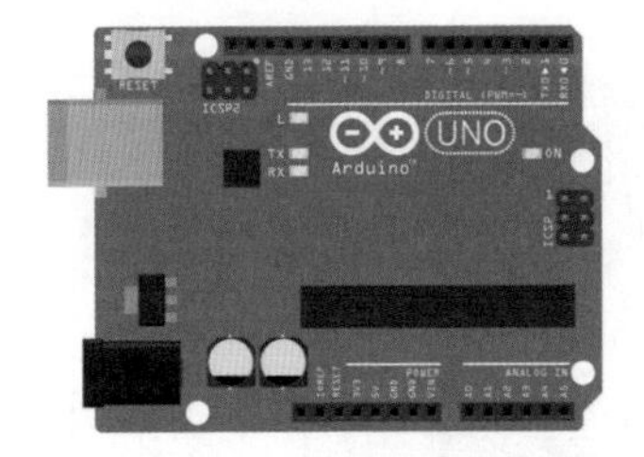

Arduino UNO 1 个

SparkFun ESP8266 Wi-Fi 扩展板 1 个

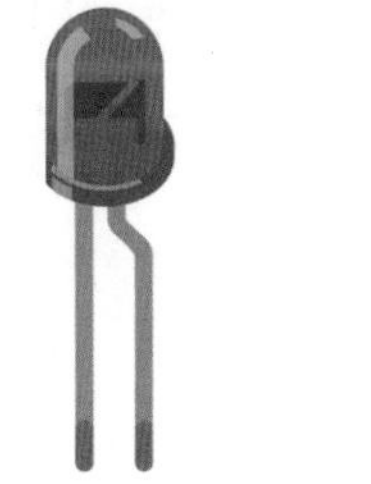

5 mm LED 1 个

220 Ω 电阻 1 个

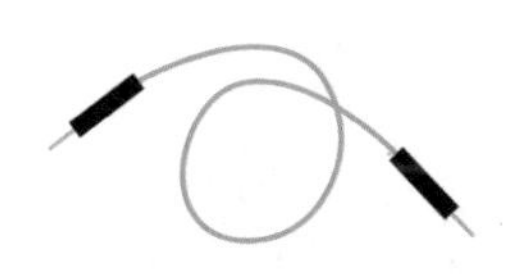

公对公跳线 2 根

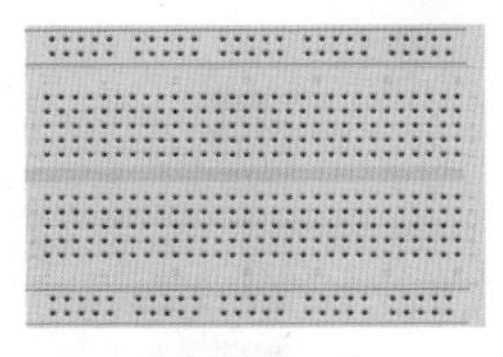

面包板 1 个

接下来，利用Blynk制作一个简单的物联网项目：利用互联网关闭或打开LED。Arduino连接互联网是使用Blynk的前提，此项目将使用SparkFun ESP8266 Wi-Fi扩展板。

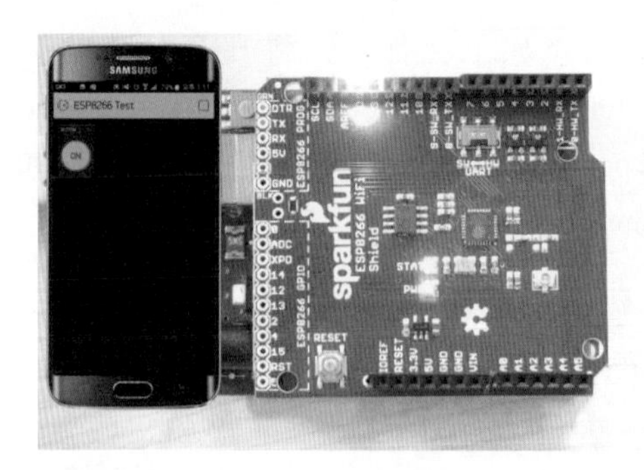

根据电路图 13-1 连接 Arduino。首先，将 SparkFun ESP8266 Wi-Fi 扩展板插到 Arduino 板，之后根据如下顺序逐一连接。

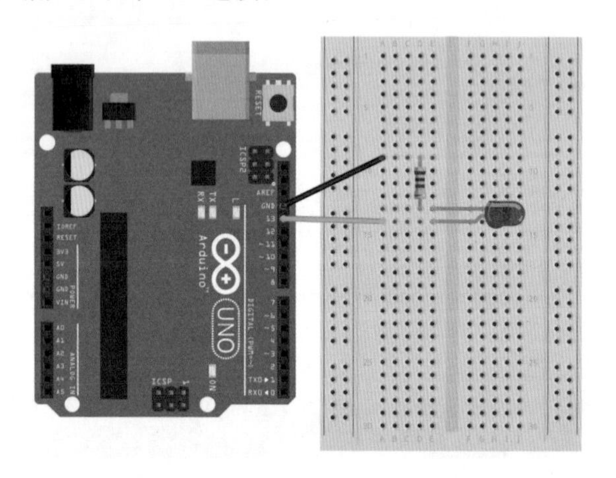

电路图13-1　Blynk：简单有趣的物联网

01　用跳线连接 Arduino 的 13 号引脚和面包板横向插孔。

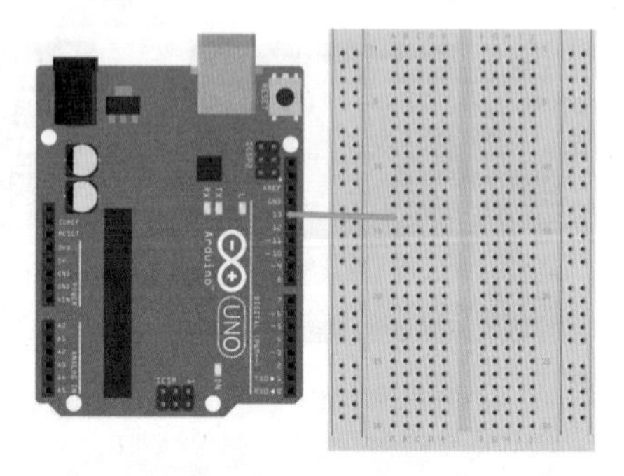

02　将 LED 的长“腿”插到接有跳线的行，将 LED 的短“腿”插到旁边的行。

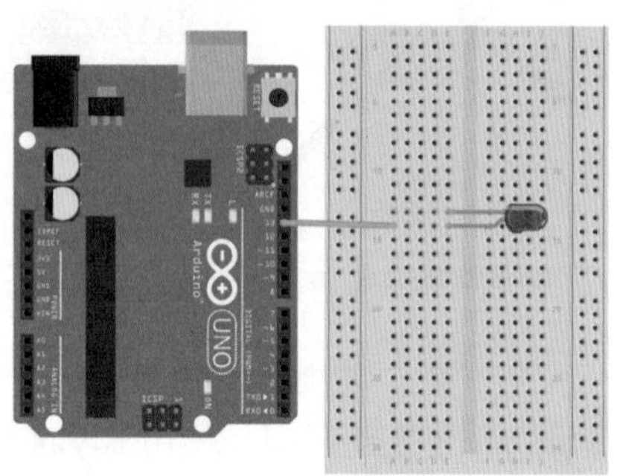

03 将电阻弯曲为U型，并将一边插到LED短“腿”所在的行。

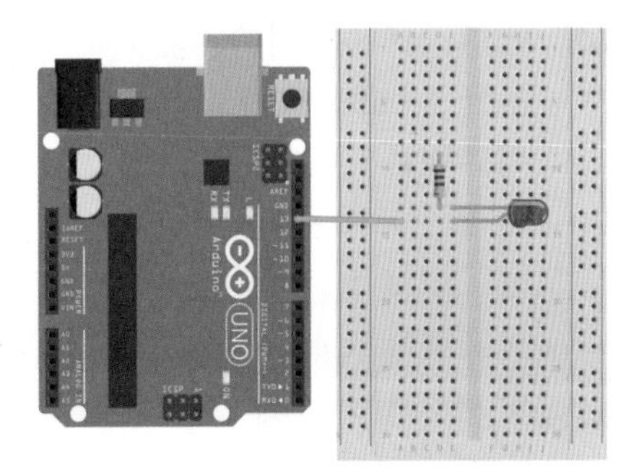

04 用跳线连接电阻所在的行和Arduino接地引脚。

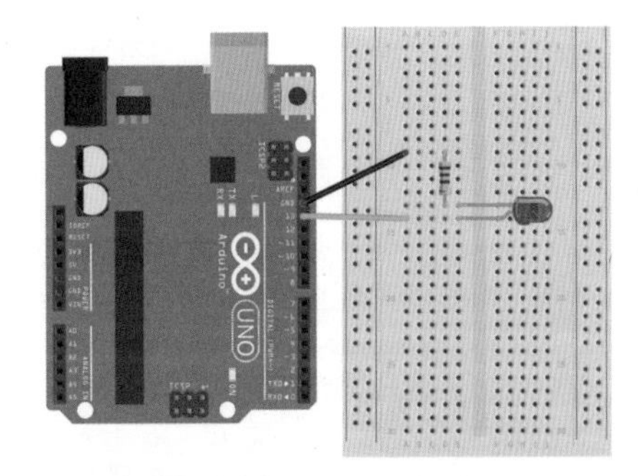

05 成品如图所示！

下面开始制作Blynk项目。运行Blynk软件，根据如下步骤逐一执行。

01 刚开始运行软件时，因为没有项目，所以会出现图示画面。点击Create New Project，并在Project Name部分输入项目名称。我将项目命名为ESP8266 Test。随后，在HARDWARE MODEL部分点击Arduino UNO。

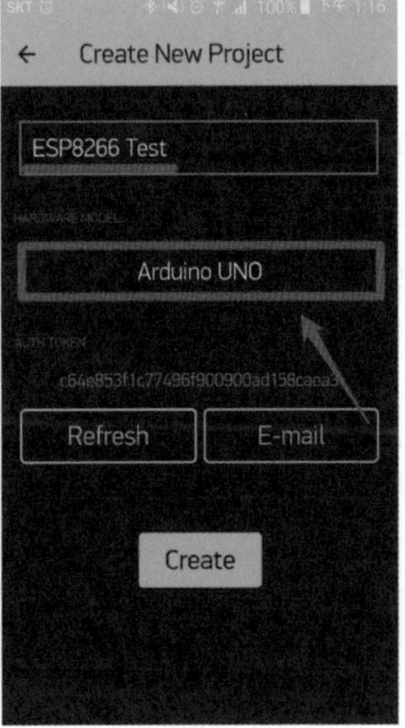

02 随后选择要使用的硬件，此处选择 Arduino UNO。如果想使用其他种类的 Arduino 模型或硬件，只要在此修改设置即可。AUTH TOKEN 部分的随机文字是认证令牌，没有认证令牌，Arduino 便无法连接 Blynk 服务器。

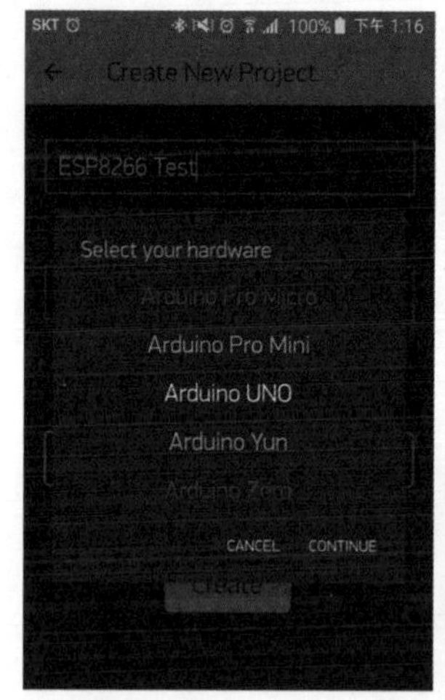

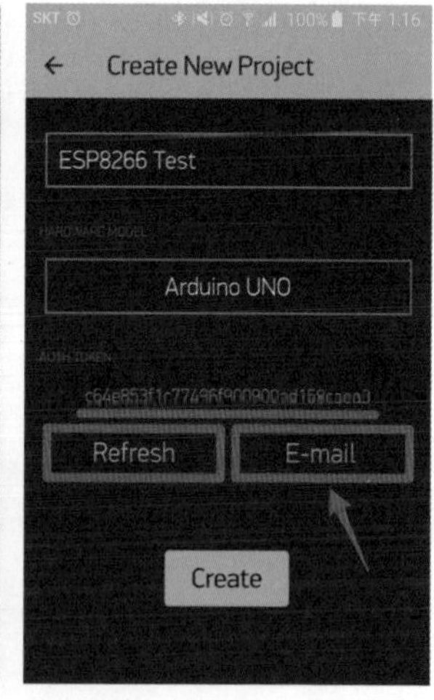

提示 点击 Refresh 按钮可以更新认证令牌。编写 Arduino 的 sketch 代码时，要写入这个认证令牌。但由于认证令牌又长又复杂，我们很难手动输入。此时，点击 E-mail 按钮即可将认证令牌发到注册账号时填写的邮箱。

03 收到认证令牌邮件后，点击 Create 按钮生成项目，出现图示画面。空着的黑色部分是仪表盘，点击仪表盘或上方的 + 号可以添加各种部件。

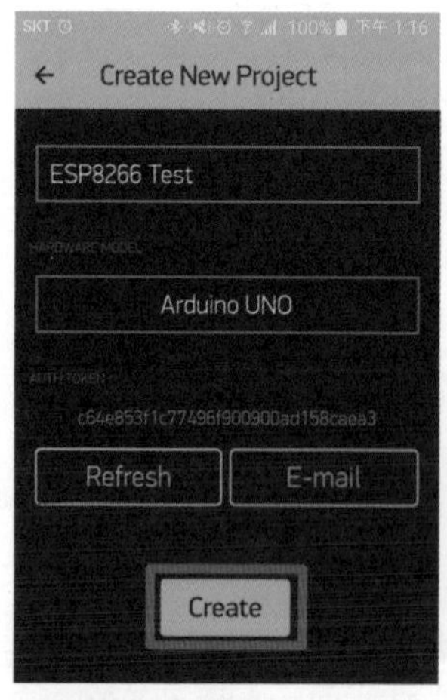

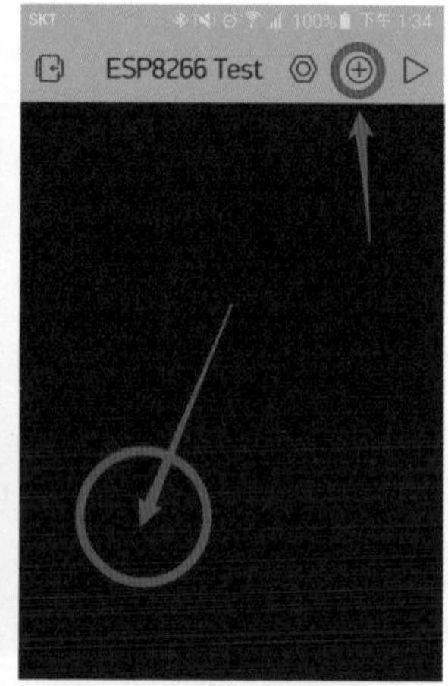

04 随后出现可添加至仪表盘的部件列表。选择 Button，添加“打开和关闭 LED”。

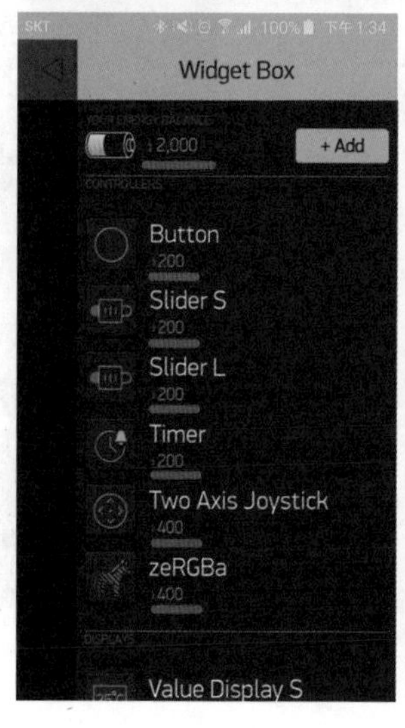

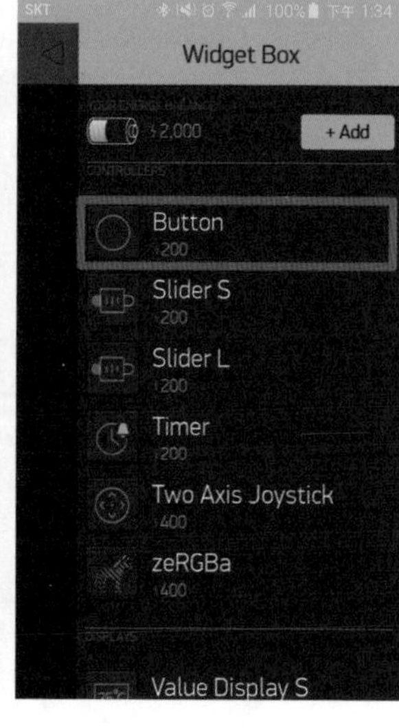

提示 Blynk 是免费的，但免费用户能够在仪表盘上添加的部件个数有所限制。YOUR ENERGY BALANCE 部分中显示的数值是用户可利用的能量，每当用户添加一个部件，下方就会显示消耗了多少能量。因此，如果想添加更多部件，就要额外缴纳费用。

05 点击 Button 即可如图所示添加按钮。点击添加的按钮出现图示画面，此处可以更改按钮设置。点击 OUTPUT 部分的 PIN，设置按下按钮时要控制的引脚号码。由于 LED 与 13 号引脚相连，所以选择 Digital、D13，并点击 Continue。

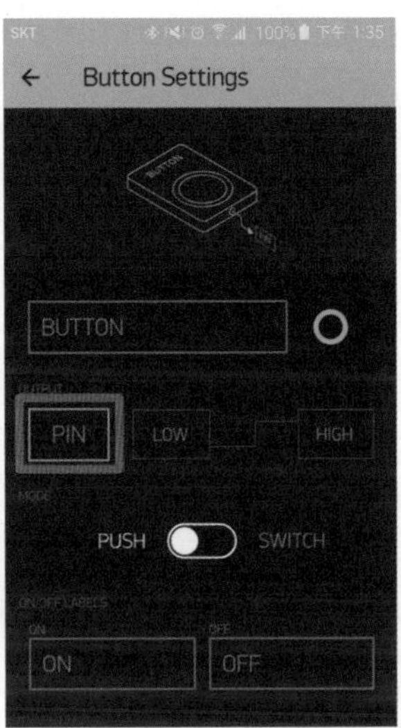

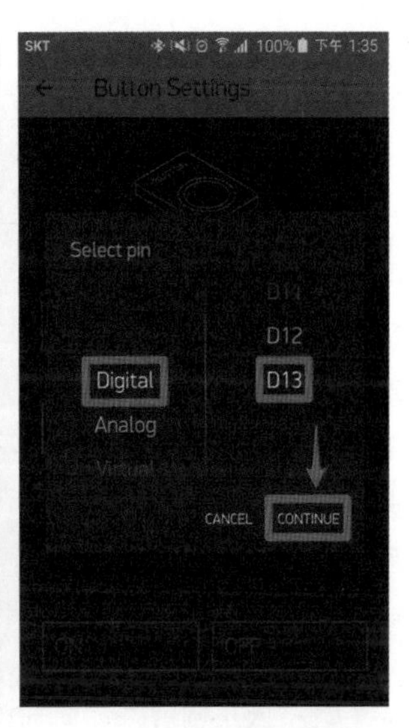

06 接下来，在 MODE 部分选择 SWITCH。PUSH 和 SWITCH 的不同在于，PUSH 只有在按住按钮的状态下才会变为 ON，而 SWITCH 则在每次按下按钮时都会从 ON 变为 OFF。为了达到每次按下按钮时就关闭 LED 并重新打开的效果，选择 SWITCH。完成设置后点击← 按钮回到仪表盘，可以看到按钮上显示 D13。

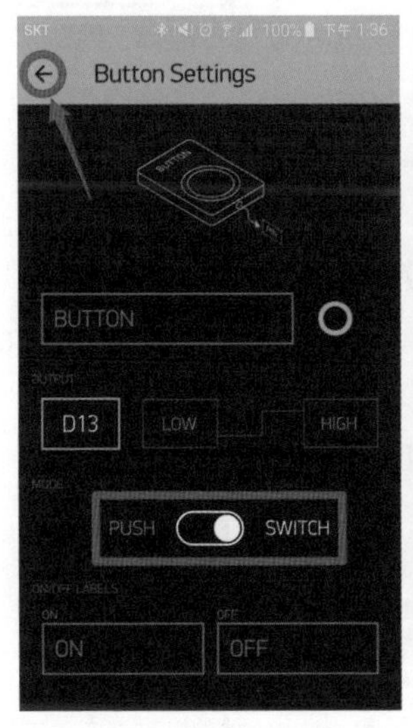

如代码 13-1 所示，编写 sketch 文档。

代码13-1 Blynk：简单有趣的物联网

```
1   /**************************************************************
2    * Blynk是带有iOS和Android app的平台，通过互联网控制Arduino、
3   "树莓派"等。
4    * 你可以通过拖曳部件为所有项目轻松构建图形界面。
5    *
6    *
7    *   下载、文件、使用手册: http://www.blynk.cc
8    *   Blynk社区:           http://community.blynk.cc
9    *   社交网络:            http://www.fb.com/blynkapp
10   *                        http://twitter.com/blynk_app
11   *
12   *
13   * Blynk库许可基于MIT许可。
14   * 本示例代码位于公共域。
15   *
16   **************************************************************
17   *
18   * 本示例展示如何利用ESP8266扩展板（通过AT命令）将你的项目连接
19     到Blynk。
20   *
21   * 注意: 确保稳定串口连接至ESP8266!
22   *       要求固件版本1.0.0（AT v0.22）。
23   *       你可以修改ESP波特率，连接至AT控制台并调用:
24   *           AT+UART_DEF=9600,8,1,0,0
25   *       软件串口通常不稳定。
26   *       极可能要求转换为硬件串口。
27   *
28   * 修改Wi-Fi ssid、密码和Blynk授权令牌以运行:)
29   * 可将其应用于任何其他示例。非常简单!
30   *
31   **************************************************************/
32
33  #define BLYNK_PRINT Serial    // 添加注释以禁止输出并节省空间。
34  #include <ESP8266_Lib.h>
35  #include <BlynkSimpleShieldEsp8266.h>
36
```

```
37  // 你应当在Blynk App中获取授权令牌。
38  // 前往“项目设置”（螺母图标）。
39  char auth[] = "YourAuthToken";
40
41  // 你的Wi-Fi证书。
42  // 为开放网络设置密码为""。
43  char ssid[] = "YourNetworkName";
44  char pass[] = "YourPassword";
45
46  // Mega, Leonardo, Micro...上的硬件串口。
47  //#define EspSerial Serial1
48
49  // 或Uno, Nano...上的软件串口。
50  #include <SoftwareSerial.h>
51  SoftwareSerial EspSerial(8, 9); // RX, TX
52
53  // 你的ESP8266波特率：
54  #define ESP8266_BAUD 9600
55
56  ESP8266 wifi(&EspSerial);
57
58  void setup()
59  {
60    // 设置控制台波特率
61    Serial.begin(9600);
62    delay(10);
63    // 设置ESP8266波特率
64    EspSerial.begin(ESP8266_BAUD);
65    delay(10);
66
67    Blynk.begin(auth, wifi, ssid, pass);
68  }
69
70  void loop()
71  {
72    Blynk.run();
73  }
```

使用示例编写 sketch 文档。选择【示例】-【Blynk】-【Boards_WiFi】-【ESP8266_Shield】菜单。如果使用的是其他板或扩展板，在【示例】-【Blynk】菜单中选择相应示例即可。

如代码 13-1 所示，在 ESP8266_Shield 示例的基础上，根据 SparkFun ESP8266 Wi-Fi 扩展板的情况进行修改。

代码13-2 硬件串口注释处理

```
#define EspSerial Serial1
```

第 47 行修改之前如代码 13-2 所示。此处，Serial1 只在 Arduino MEGA、Arduino LEONARDO、Arduino MECRO 上使用，所以对第 47 行进行注释处理。

代码13-3 取消软件串口注释

```
// #include <SoftwareSerial.h>
// SoftwareSerial EspSerial(2, 3); // RX, TX
```

第 50~51 行修改之前如代码 13-3 所示。此处，SparkFun ESP8266 Wi-Fi 扩展板使用的是 SoftwareSerial 库和 8 号、9 号引脚，所以对第 50~51 行进行注释处理。

在第 39 行 YourAuthToken 部分输入通过邮箱接收的 Blynk 认证令牌，在第 43 行 YourNetworkName 部分输入要连接 Wi-Fi 名称，在第 44 行 YourPassword 部分输入要连接的 Wi-Fi 密码。修改完毕后上传 sketch 文档，打开串口监视器即可看到尝试连接 Wi-Fi 并访问 Blynk 服务器。如果成功连接 Blynk 服务器，就会在最后一行显示 Ready。至此，Arduino 与 Blynk 服务器连接成功。偶尔会出现显示 Failed to disable Echo，即连接失败的情况，此时需要检查是否混淆 RX 和 TX 的引脚号码。如果依然没有解决问题，请点击 SparkFun ESP8266 Wi-Fi 扩展板上的 RESET 按钮重新连接。

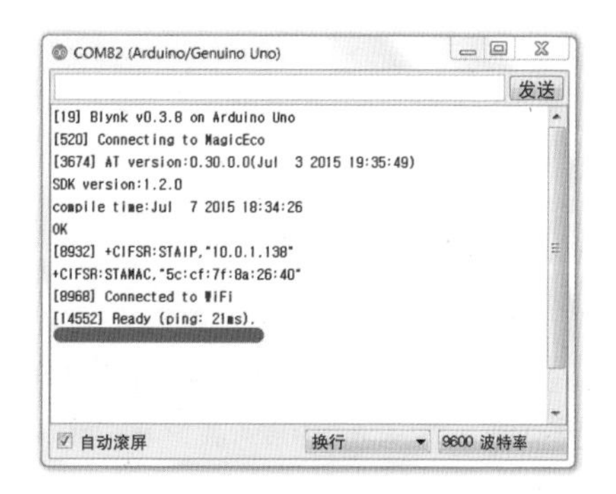

重启软件后，根据如下步骤逐一执行。

01 选择仪表盘右上角的执行按钮，开始执行项目。

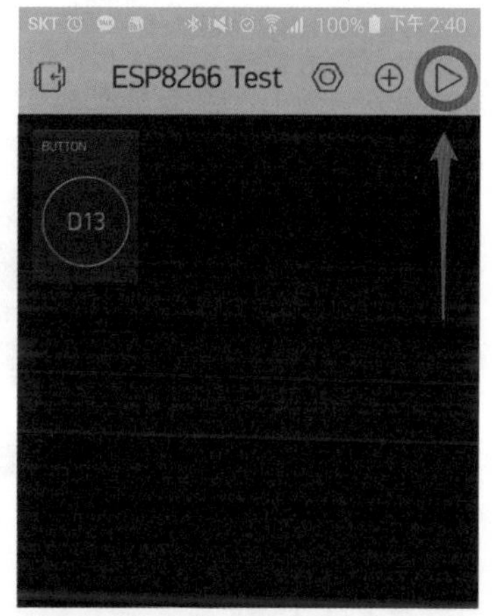

02 如果在 Arduino 没有连接 Blynk 服务器的状态下执行项目，就会出现右图所示消息，提示未连接 Arduino。

03 在项目正常运行的情况下，重复关闭和打开按钮，这样即可确认连接在 Arduino 上的 LED 是否会与按钮同步动作。即使在门外运行软件后打开或关闭按钮，LED 也会同样执行操作。

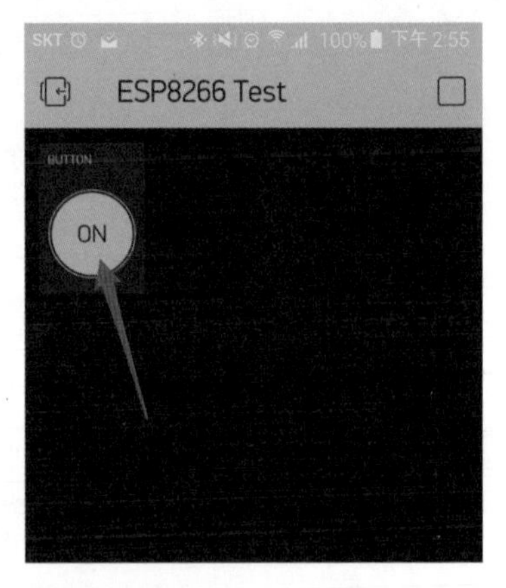

由于本书的主要内容并不是 Blynk，所以我们为读者讲解简单的项目。如果对 Blynk 感兴趣，大家可以参考我之前摄制的 Blynk 讲座。

多功能 Blynk

本章仅使用 Blynk 的按钮部件制作了一个用互联网关闭和打开 LED 的项目，其实，Blynk 还有许多有趣的部件。

1. 控制器

■按钮

与现实中的按钮开关相同，可以按住或放开、关闭或打开。

■滑动条

可以上下左右活动，像电阻器一样可以改变值。

■时钟

到特定时间就会执行特定动作。

■ JoyStick

通过手指活动控制 Arduino 或无人机。

■ zeRGBa

可以在斑马状的色盘中挑选颜色，并告知此颜色的 RGB 值。利用此值可以改变三色 LED 的颜色。

2. 显示

■数据指示器

用于显示 Arduino 传感器的值。

■ LED

可以用项目打开或关闭的虚拟 LED。

■计量器

用于查看传感器的值在最小值和最大值区间的哪个部分。

■ LCD

与 Arduino 中使用的 LCD 相同，用于显示文字。

■图表

以图表形式显示保存的传感器值。

■历史图表

以时、日、月为单位选择图表区间，查看历史图表。

■终端

与 Arduino IDE 的串口监视器相同，可以与 Arduino 通信。

3. 通知

■ Twitter

可以使用 Twitter 功能。

■推送通知

可以使用推送功能。

■邮件

可以使用邮件通知。

4. 其他

■标签页

想在 Blynk 项目中使用多个页面时，点击即可切换页面。

■菜单

用户根据所选菜单执行某种动作。

■ Bridge

使 Blynk 与连接的 Arduino 进行通信。利用 Bridge 还可以借助一个 Arduino 控制多个 Arduino。

■ RTC

随时向 Arduino 提供准确的当前时间。

■ BLE

控制智能蓝牙设备。

第14章

Arduino YUN和Temboo

14.1 Arduino YUN简介

Arduino YUN是专为物联网研发的Arduino开发板，YUN就是“云”的全拼，因为互联网经常被比喻为云。Arduino YUN可以轻松连接互联网，因为它具备以太网和Wi-Fi，只要连接网线或借助无线网即可。与Arduino LEONARDO一样，Arduino团队也不再支持Arduino YUN，不过大家同样可以通过Devicemart或其他电商购买。

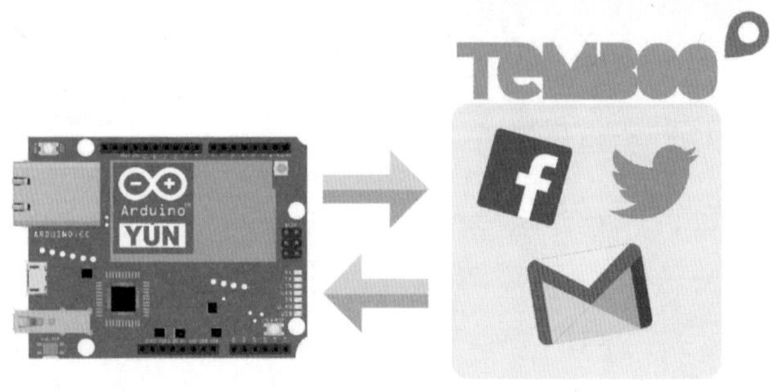

自问世以来，Arduino YUN与Temboo物联网服务就是共同规划的，所以通过Temboo可以轻松制造一些有趣的物联网项目。比如，通过Arduino识别周围的温度和湿度后，将信息发送至Facebook；也可以通过

Arduino YUN，用漂亮的 LED 或有趣的声音提示来自 Facebook 的消息。

14.2 Temboo 简介

Temboo 和 Blynk 一样，都可以让我们轻松制作物联网项目。但不同之处是，Blynk 以拖曳方式，利用多种部件制作物联网项目，而 Temboo 则可以连接各种物联网 API。API 是程序之间的一种沟通方法，通过 API，可以用一种程序控制另一种程序。

之所以提到“物联网 API”，是因为在 Temboo 上可以使用互联网中的各种服务。例如，可以用 Temboo 连接 Facebook、Twitter、谷歌云盘、Dropbox 等 80 多种互联网服务，也可以将 Arduino 传感器的值上传到 Facebook 首页，或保存到谷歌云盘的电子表格程序。

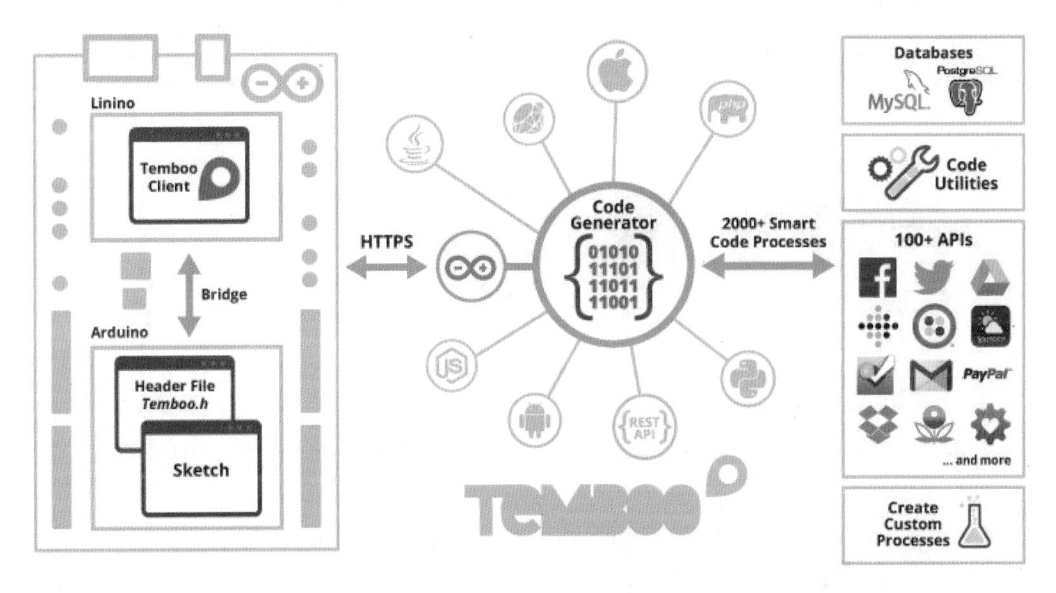

Temboo 的另一个特点是，可以使用多种语言。在 Android、iOS 等移动设备上，可以用 Java、Javascript、Python、PHP 等多种语言编写 Temboo 代码。而且，Temboo 还可以连接 Arduino、德州仪器、三星硬件等。

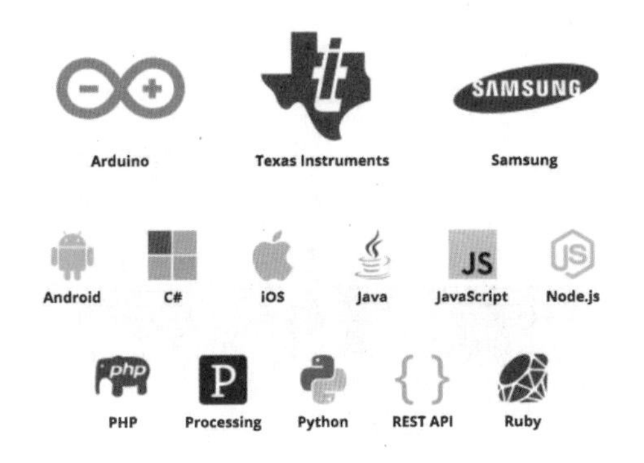

重要的是，用户不必再分别进行编码，只要输入与认证相关的值并选择语言，Temboo 就会自动生成代码。使用 Arduino 时，将自动生成的代码下载后直接上传即可。

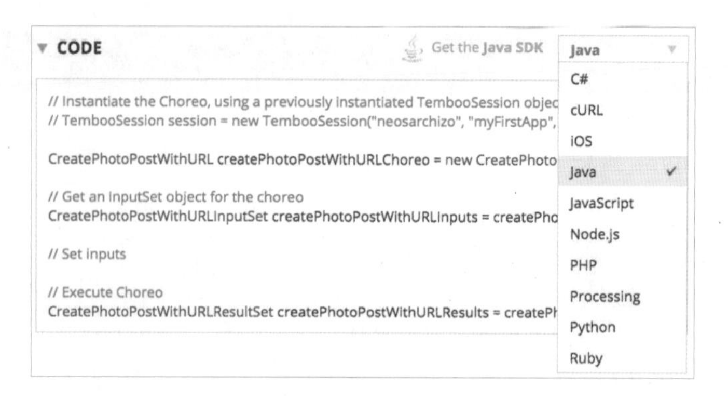

14.3 利用 Arduino YUN 开始 Temboo

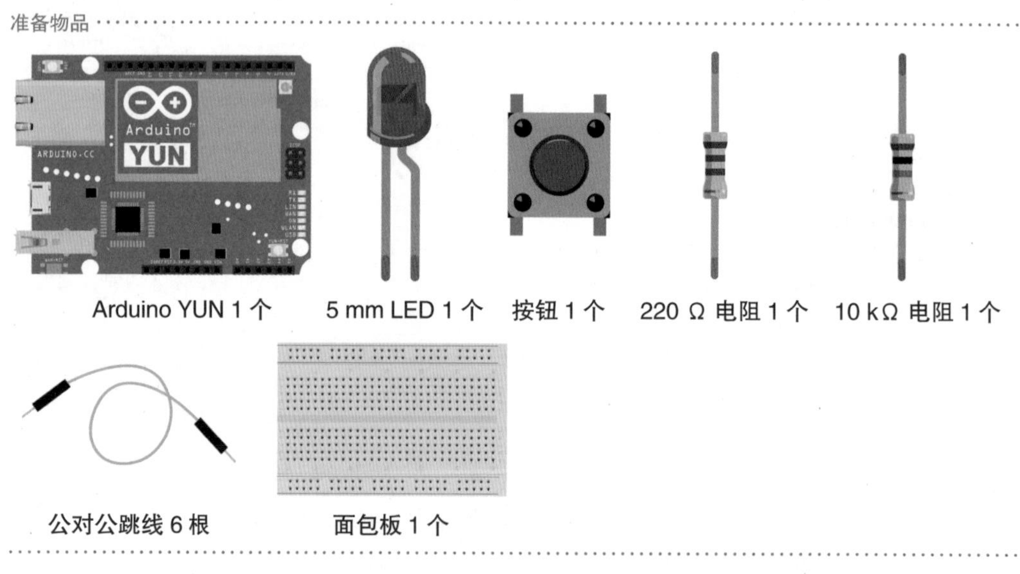

接下来，利用 Arduino YUN 和 Temboo 制作物联网项目。按下连接了 Arduino YUN 的按钮时，可以从 Yahoo API 获取天气信息，如果天气符合特定条件，就关闭 LED。

首先设置 Arduino YUN 的 Wi-Fi，如下所示。

01 设置 Arduino YUN 的 Wi-Fi 之前，首先要连接 Arduino YUN。打开 Arduino YUN，可以看到 Wi-Fi 列表上显示的 Arduino YUN-XXXXXXXXXXXX，选择并连接 Arduino YUN 网络。如果打开 Arduino YUN 后没有看到此网络，就按住 USB A 端口旁边的 WLAN RST 按钮 5~30 s，以初始化 Wi-Fi 设备。

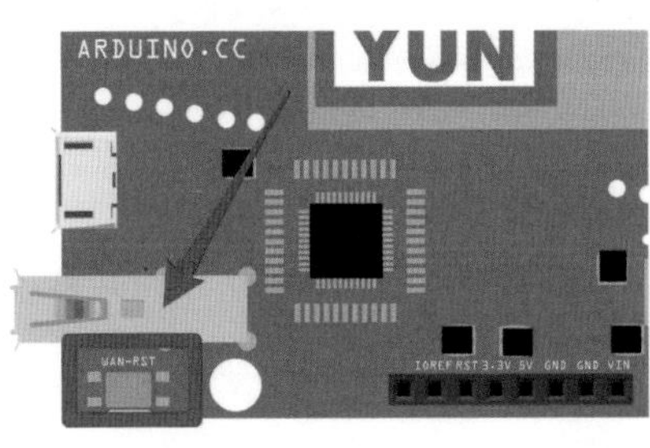

02 连接 Arduino YUN 后，在浏览器登录本地 IP 地址。随后出现输入密码的窗口，初始密码为 arduino，输入后点击 LOG IN 按钮。

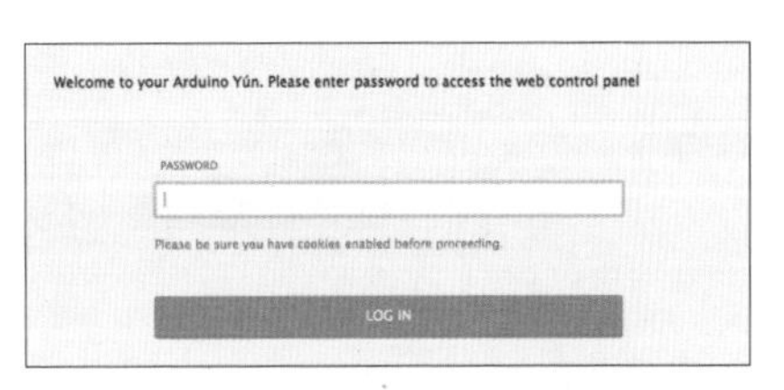

03 登录后出现图示画面，点击 CONFIGURE 按钮。

04 点击按钮后跳转至如下页面。点击 TIMEZONE 部分，出现各个城市所在时区，选择 Asia/Beijing。

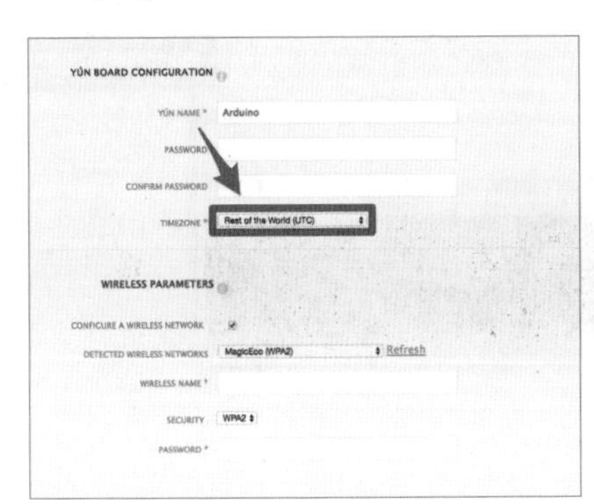

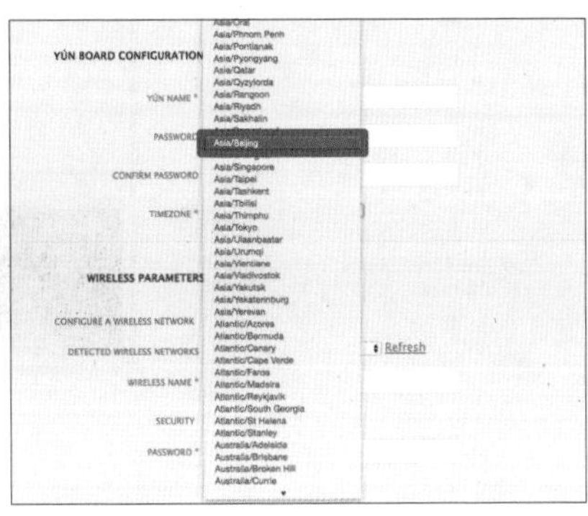

05 点击 Refresh 后稍等片刻，然后点击 DETECTED WIRELESS NETWORKS 部分。

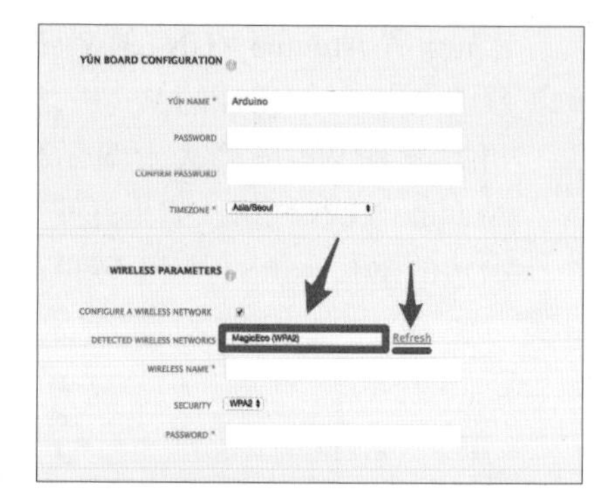

06 出现列表后，选择要使用的 Wi-Fi，并在 PASSWORD 部分输入密码，然后点击 CONFIGURE & RESTART 按钮。

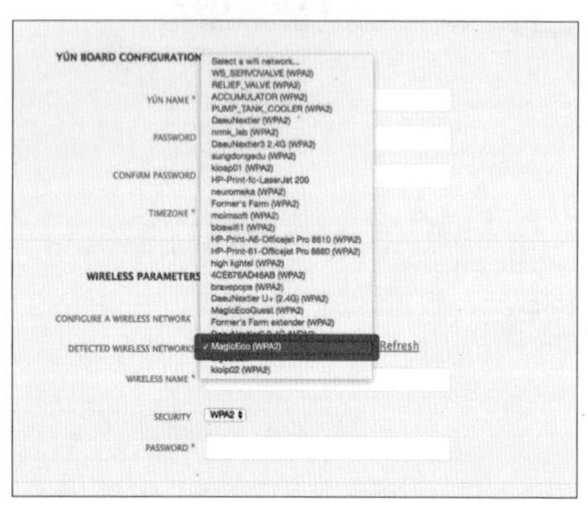

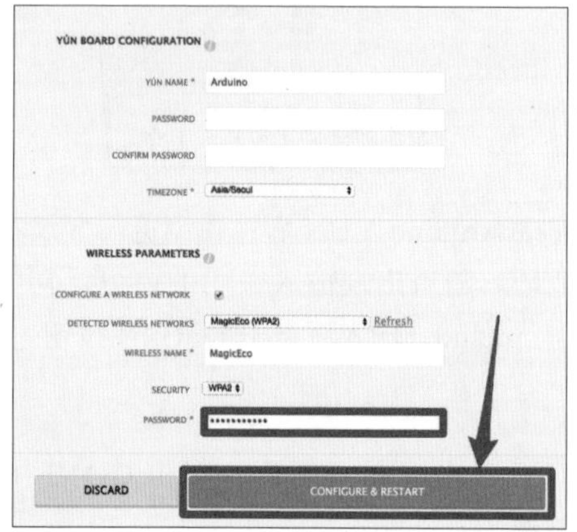

07 跳转页面后，如果像右图一样显示“Restarted! You’ll find me here.”，就将 PC 的网络连接至连有 Arduino YUN 的 Wi-Fi。

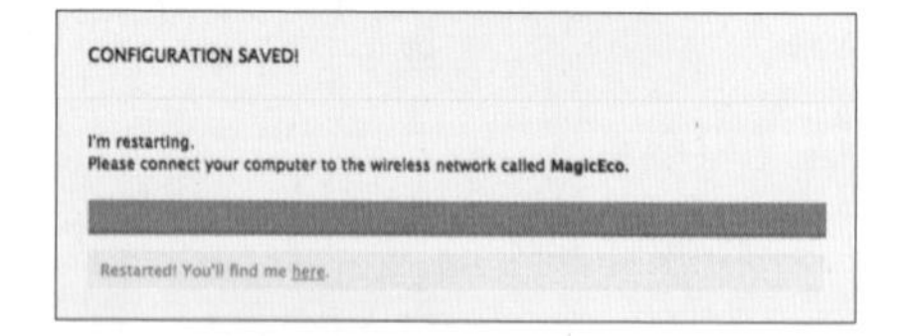

08 与 Arduino 连接相同网络后，运行 Arduino IDE。如果在【工具】-【端口】菜单显示 Arduino YUN，则表示设置成功。

如电路图 14–1 所示，连接 Arduino。

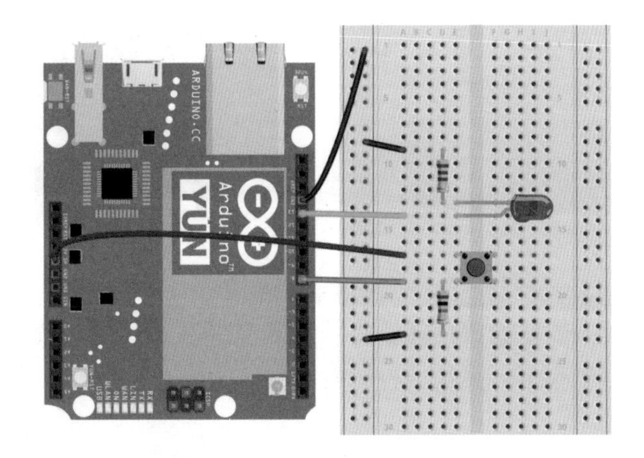

电路图14–1 Arduino YUN 和 Temboo

01 用跳线连接 Arduino 板的接地引脚和面包板蓝色长竖列。

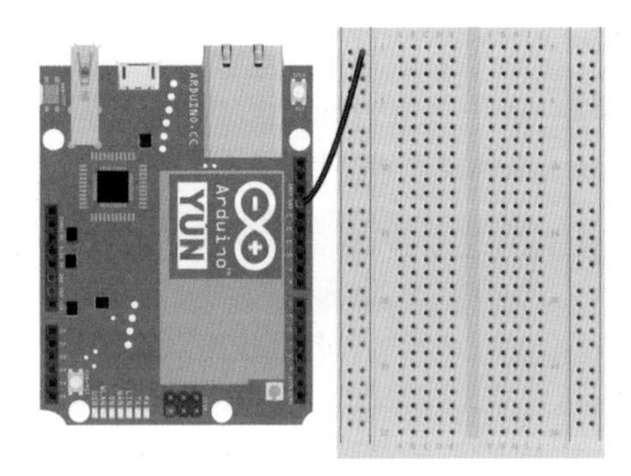

02 将 LED 的正极与 Arduino 板的 13 号引脚相连，将 LED 的负极与电阻相连，并将电阻的另一端连接到接地引脚所在的竖列。

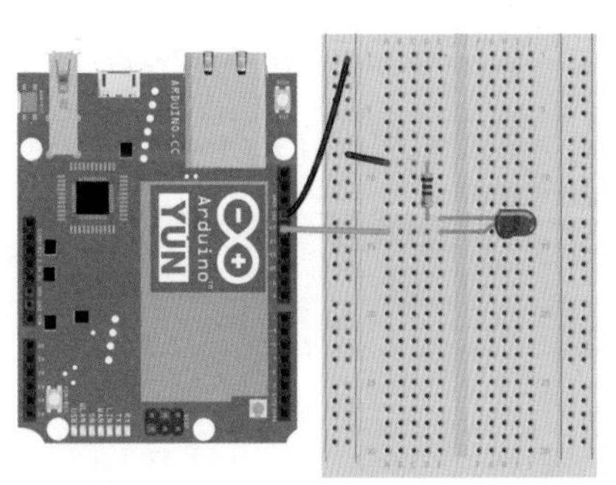

03 安插按钮，并连接至 Arduino 板的 8 号引脚。

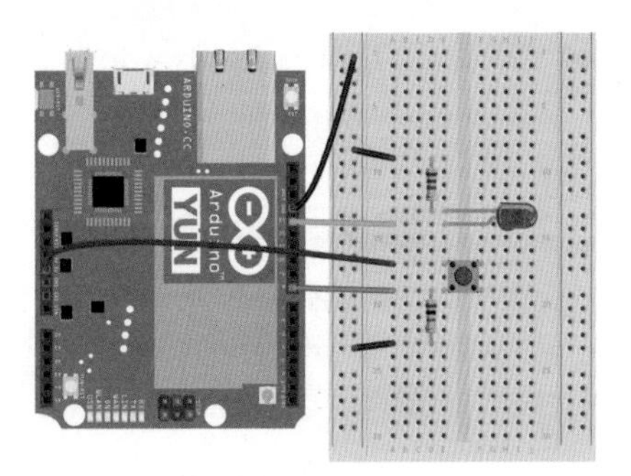

04 成品如下!

下面利用 Temoboo 编写 Arduino 的 sketch 文档。

01 使用 Temboo 前，首先需要创建账号。打开 Temboo 页面，输入 ID、邮箱地址、密码等信息，注册新账号。

02 随后登录 Temboo 页面。左侧列表是可以在 Temboo 中使用的 API 服务，此处称为 Choreo 服务。在这些服务中，我们要使用的是 Yahoo 天气 API。

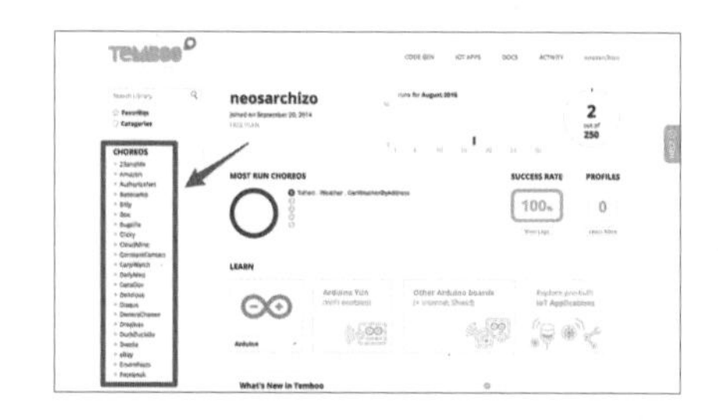

03 在 Choreo 列表中选择【Yahoo】-【Weather】-【GetWeatherByAddress】，表示根据地址获取天气信息。

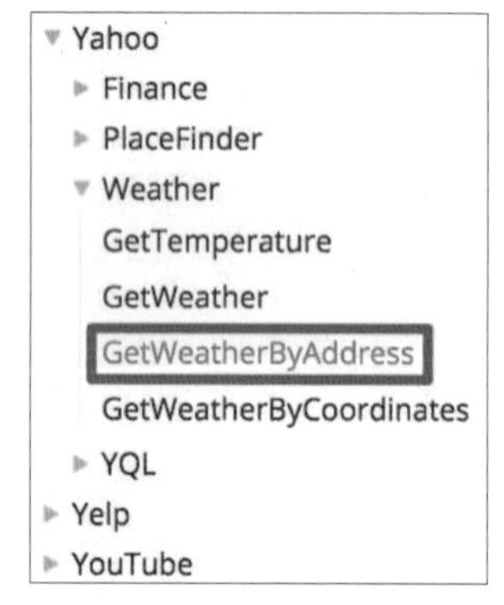

04 移动到 GetWeatherByAddress 页面，出现如图所示文本框，要求输入地址。输入 Beijing 后点击 Run 按钮。

05 之后就会从 Yahoo 获取天气信息。如果在 Arduino 中使用 Choreo，可获取如下信息。

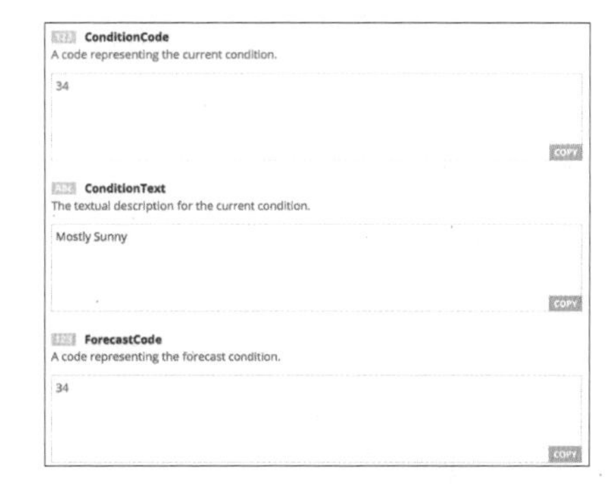

06 页面右上角有一个 IoT Mode 开关，将其设为 ON，表示用 Choreo 运行物联网项目。

07 随后出现如图所示菜单。在 Arduino 连接网络的前提下，除了 Arduino YUN，Temboo 还可以连接使用 Arduino 的其他开发板。在此点击“How is it connected?”部分。

08 随后显示 Temboo 可支持的扩展板列表。除了 Arduino YUN 外，其他 Arduino 开发板也可以连接此处显示的扩展板。在此点击 arduino。

09 随后显示支持的硬件列表。在此选择 Arduino YUN。

10 随后点击“Is this Choreo triggered by a sensor event?”，此部分设置“根据传感器的值选择是否执行 Choreo”。

11 随后出现“在何种条件下执行 Choreo”的选项。将其设置为“按下连接 8 号引脚的按钮时执行 Choreo”。首先点击 ANALOG。

12 点击 ANALOG 就会将模拟引脚转换为数字引脚。随后点击 A0，以设置引脚号码。

13 在页面右上角 Arduino 板图样中选择 8 号引脚。

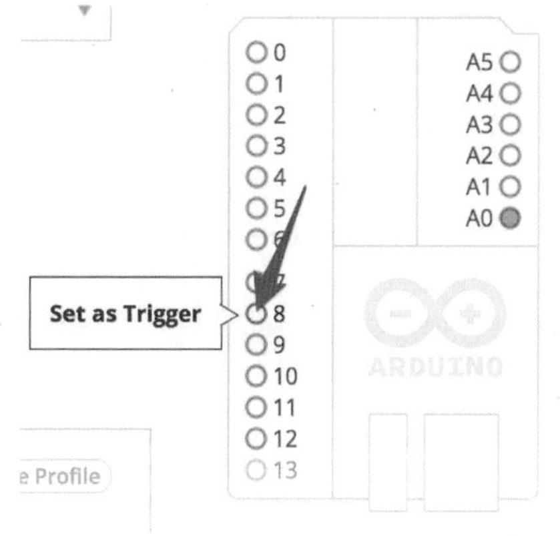

14 随后如图所示，设置成功。

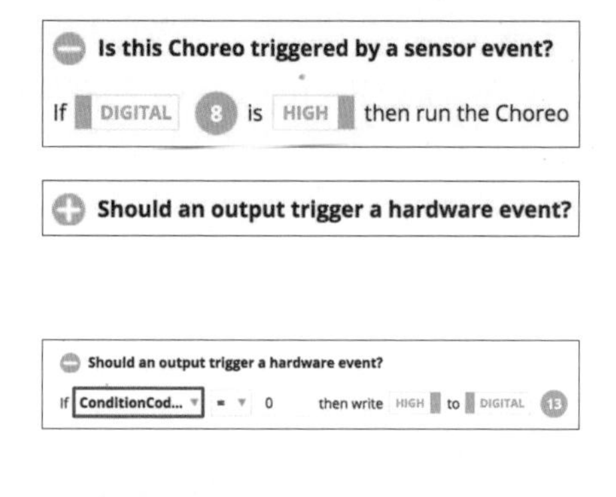

15 随后点击“Should an output trigger a hardware event?”，此部分设置“接收 Choreo 结果后是否利用结果值控制 Arduino”。

16 随后出现“Choreo 结果值在何种条件下如何控制 Arduino”。此处将其设置为“当 Choreo 结果值中 ConditionText 为‘Mostly Sunny’时关闭 LED”。首先点击 ConditionCode。

17 点击 ConditionCode 出现 Choreo 结果值选项。在此点击 ConditionText。

18 在中间的文本框输入 Mostly Sunny。这样，接收 Choreo 结果值时就会完成控制 Arduino 的条件。下拉页面后点击 Download your code，下载 Arduino 的 sketch 文档。随后解压下载的文件，并打开 sketch 文档，选择【工具】-【Arduino 板】-【Arduino YUN】菜单上传文档。

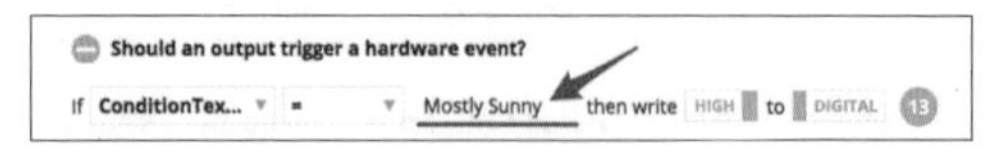

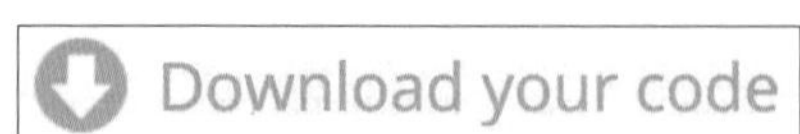

19 上传代码并运行串口监视器，显示如图所示传感器的值。此处，传感器的值处于之前设置的 8 号引脚的状态。点击按钮即可执行 Choreo，并在 Choreo 结果值的 ConditionText 为 Mostly Sunny 时，关闭 13 号 LED。

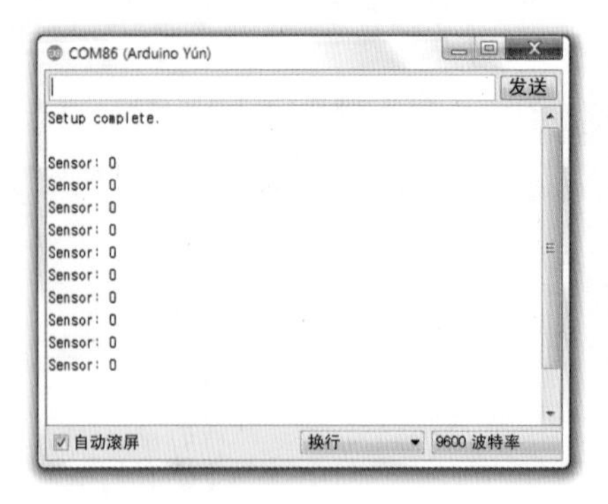

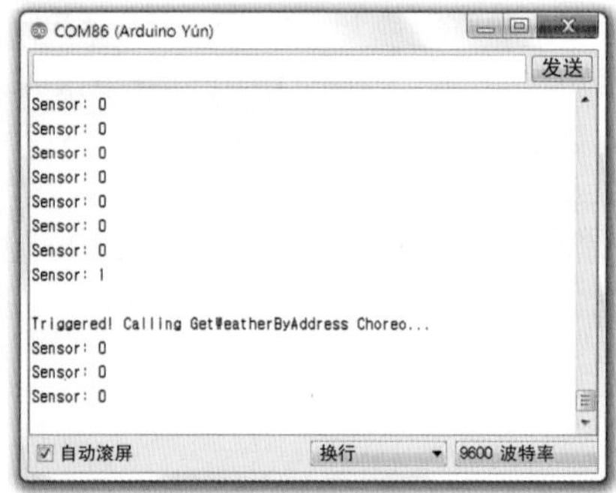

Flora：可穿戴 Arduino

在可穿戴 Arduino 中，比起 LilyPad 开发板，我个人更喜欢 Flora 开发板。Flora 是由专门制作和售卖可穿戴配件的 Adafruit 公司制作的兼容板，虽然外形与 LilyPad 相似，但使用更加便利。此兼容板在 Adafruit 和 Devicemart 均有销售。

Flora 这种可穿戴开发板连接电子产品时，不需要使用跳线，而是将通电的导电线绕在 Flora 的引脚孔中使用。Flora 版本 3 则可以使用鳄鱼夹轻松连接电子产品。

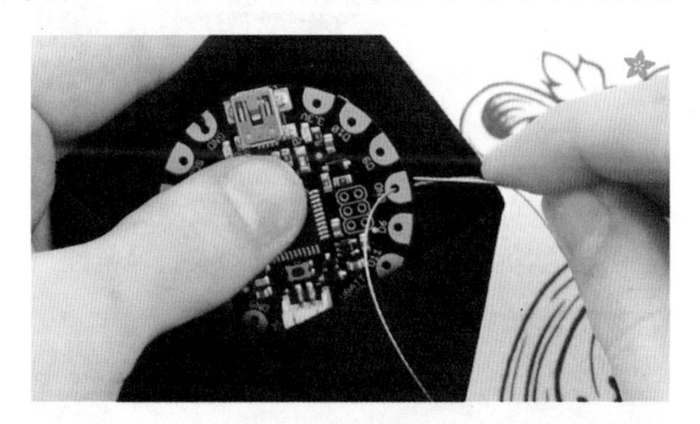

至于电子元器件，也有 Flora 专用的照度传感器、加速度传感器、红外线传感器等，所以可以轻松连接。

Flora 的最大魅力在于，可以轻松连接母公司售卖的可穿戴 LDE——NeoPixel。LilyPad 与 NeoPixel 的连接会因为电源问题而相当困难，但 Flora 则可以轻松连接并使用 NeoPixel。

而且，Flora 与 Arduino LEONARDO 一样，连接 PC 后可以被识别为键盘或鼠标，所以也可以制作 JoyStick 之类的项目。

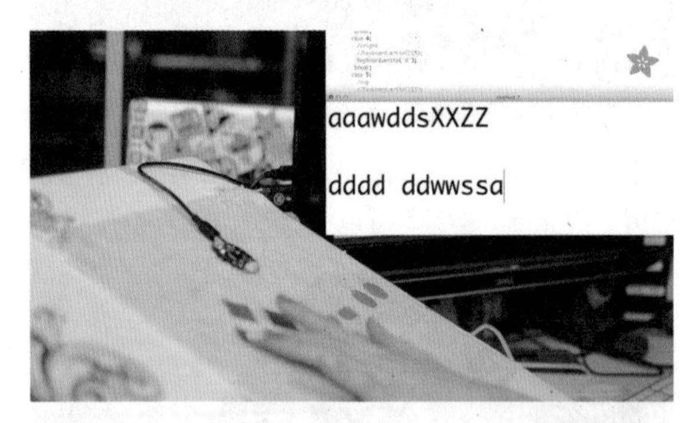

如果想了解更多使用 Flora 的可穿戴项目，请参考我之前拍摄的讲座，读者可以看到利用 Flora 和 NeoPixel 制作的发光鞋子、装有均衡器的衣服等项目。

后记

不知不觉已经到了要收尾的时间。虽然本次“实战篇”中整理了“入门篇”没有涉及的很多知识点，但依然留有许多遗憾。如果有机会，剩下的内容就在下一本书中呈现给读者吧。下面再次回顾全书主要内容。

- 利用伺服电机制作有趣的玩具
- 使用外接电源
- 利用继电器控制家电
- 利用 Arduino LEONARDO 制作操纵杆
- 灵活运用串口通信
- 学习 Processing
- 利用 Arduino 和 Processing 制作超声波雷达
- 利用 Arduino 和 Processing 制作激光玩具
- 将 Arduino 连接到蓝牙并与 Android 通信
- 利用 App Inventor 制作 Android App
- 利用 Arduino、蓝牙、Android 制作 RC 车
- 在 Arduino 上连接互联网
- 利用 Arduino 和 Blynk 轻松实现物联网项目
- 利用 Arduino 和 Temboo 轻松实现物联网项目

现在，你可以灵活运用学过的知识，制作自己想要的东西了。可以参考以下顺序：

- 在纸上写下想做的物品；
- 选择其中最感兴趣的一项，想想需要准备的电子元器件；
- 将电子元器件连接到 Arduino ；
- 使用库和示例代码编写 sketch 文档代码；
- 完成后，用纸盒或 3D 打印品等进行装饰。

有条件的话，可与亲朋好友一起制作。如果你家周围有创客空间，也可与其他人合作。一定会比自己一个人摸索更有意思。

您还想继续学习 Arduino 的相关知识吗？或者还想了解开源硬件？我们为大家推荐开源 DIY YouTube 频道上的视频讲座。讲座内容如下：

- Scratch X
- Arduino 基础
- Arduino 理论
- 嵌入式理论

- 无线通信
- Processing 语言
- 项目
- App Inventor
- 物联网
- “树莓派”
- BeagleBone Black
- 创客空间
- 创客运动

如果有其他疑问，可以通过我的个人主页与我联系。

站在巨人的肩上
Standing on Shoulders of Giants
TURING
图灵教育
iTuring.cn

站在巨人的肩上
Standing on Shoulders of Giants
TURING
图灵教育
iTuring.cn